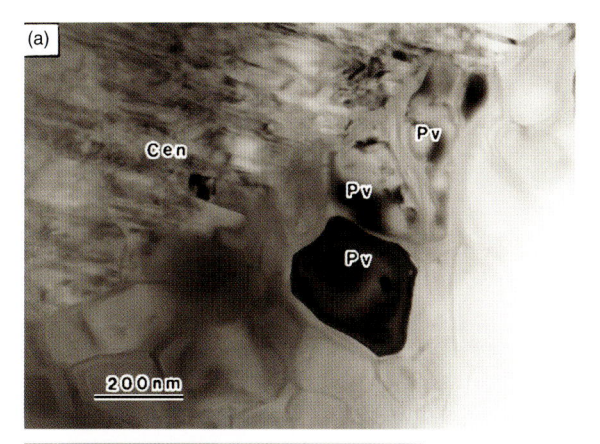

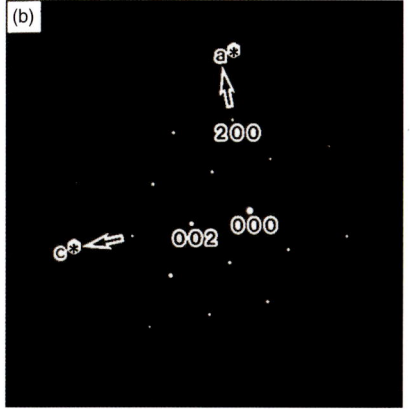

口絵1 テンハム（Tenham）隕石中に発見された天然の (Mg,Fe)SiO$_3$ ペロブスカイト

(a) 電子顕微鏡の透過像で，Pv が (Mg,Fe)SiO$_3$ ペロブスカイト，(b) (a) の中央下方の Pv の電子線回折像．地球内部に最も多量にある鉱物と考えられている天然の (Mg,Fe)SiO$_3$ ペロブスカイトが，衝撃を受けた隕石中に初めて見出された．(Tomioka and Fujino, 1997)

(本文 p. 81 参照)

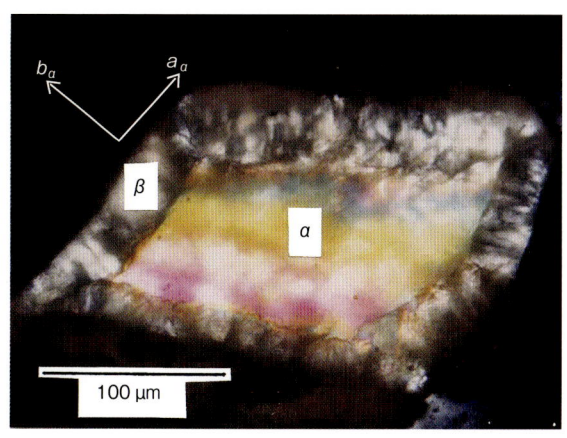

口絵2 15.5 GPa, 1,000℃ の高温高圧実験で，出発物質の Mg$_2$SiO$_4$ オリビン単結晶の周りにランダムな方位で無数に出来た微細な Mg$_2$SiO$_4$ 変形スピネル

地球内部で，このような相転移が起きていると思われる．(Fujino and Irifune, 1990)

(本文 p. 120 参照)

現代地球科学入門シリーズ
大谷栄治・長谷川昭・花輪公雄［編集］

Introduction to
Modern Earth Science Series

11

結晶学・鉱物学

藤野清志［著］

共立出版

現代地球科学入門シリーズ

Introduction to Modern Earth Science Series

編集委員

大谷 栄治・長谷川 昭・花輪 公雄

現代地球科学入門シリーズ
刊行にあたって

読者の皆様

　このたび『現代地球科学入門シリーズ』を出版することになりました．近年，地球惑星科学は大きく発展し，研究内容も大きく変貌しつつあります．先端の研究を進めるためには，マルチディシプリナリ，クロスディシプリナリな多分野融合的な研究の推進がいっそう求められています．このような研究を行うためには，それぞれのディシプリンについての基本知識，基本情報の習得が不可欠です．ディシプリンの理解なしにはマルチディシプリナリな，そしてクロスディシプリナリな研究は不可能です．それぞれの分野の基礎を習得し，それらへの深い理解をもつことが基本です．

　世の中には，多くの科学の書籍が出版されています．しかしながら，多くの書籍には最先端の成果が紹介されていますが，科学の進歩に伴って急速に時代遅れになり，専門書としての寿命が短い消耗品のような書籍が増えています．このシリーズでは，寿命の長い教科書を目指して，現代の最先端の成果を紹介しつつ，時代を超えて基本となる基礎的な内容を厳選して丁寧に説明しています．

　このシリーズは，学部2～4年生から大学院修士課程を対象とする教科書，そして，専門分野を学び始めた学生が，大学院の入学試験などのために自習する際の参考書にもなるよう工夫されています．それぞれの学問分野の基礎，基本をできるだけ詳しく説明すること，それぞれの分野で厳選された基礎的な内容について触れ，日進月歩のこの分野においても長持ちする教科書となることを目指しています．すぐには古くならない基礎・基本を説明している，消耗品ではない座右の書籍を目指しています．

　さらに，地球惑星科学を学び始める学生・大学院生ばかりでなく，地球環境科学，天文学・宇宙科学，材料科学など，周辺分野を学ぶ学生・大学院生も対象とし，それぞれの分野の自習用の参考書として活用できる書籍を目指しました．また，大学教員が，学部や大学院において講義を行う際に活用できる書籍になることも期待致しております．地球惑星科学の分野の名著として，長く座右の書となることを願っております．

編集委員一同

序　文

　地球惑星科学のさまざまな現象に関係する物質の大部分は鉱物であり，それら鉱物のほとんどは結晶である．したがって，そうした現象の理解には，結晶学的あるいは鉱物学的解釈の必要に迫られる．そうした要請は，とくに天然の物質の解析や，高温や高圧下などでの物質の合成と解析に関わる分野で大きい．しかし今日，地球惑星科学は多岐にわたるため，結晶や鉱物についての基礎的な学習の機会は少なくなってきている．

　そこで本書では，地球惑星科学を概観する立場から，その物質科学的基礎となる結晶学と鉱物学について，その基本となる考え方を述べるとともに，鉱物学についての最新の成果のいくつかを紹介する．鉱物学を理解するには，必然的に「結晶学」の基礎も理解しなければならないので，あえて本の題名を「結晶学・鉱物学」とした．読者の対象は，大学学部の学生から大学院の修士学生あたりを中心に考えたが，地球惑星科学の他分野の研究者にも，鉱物学を理解してもらうように心がけた．

　鉱物学については，これまでにもいくつかの本が出ているが，本書では，限られた紙面を考えて，記載的各論的な事柄は他書に譲り，できるだけ現象の理解を得るための基本的な考え方の紹介に努めた．とくに，これまでの鉱物学の本ではあまり触れられていない「動的な現象」についても取り上げた．

　筆者は，鉱物学の基本的な論理の土台は，結晶学と熱力学であり，それに量子力学的な理解が加わったものと考えている．そこで，章立ての構成にも，そうした点を考慮した．同時に，物質解析の手法として以前から有力な手法であるX線・電子線解析に加えて，近年発展の著しいスペクトル解析についても，新たな章を設けた．

　本書では，読者の理解の助けとなるよう，多くの図と表を用いた．それらの図および表のいくつかについては，以下の方，出版社および学会から転載の許可をいただいた．AAAS（アメリカ科学振興会）（図9.11），AGU（アメリカ地球物理学連合）（図5.3），F. D. Bloss 氏（バージニア工科大学）（図7.4），IUCr

序　文

（国際結晶学連合）（図 3.5, 図 3.10, 図 4.12, 表 3.5, 付表 2），岩波書店（図 3.7, 図 11.6, 表 3.3），MSA（アメリカ鉱物学会）（図 6.11, 図 6.16, 図 8.5），Nature Publishing Group（図 9.9），日本アイソトープ協会（図 5.7），日本高圧力学会（図 9.6），裳華房（図 4.15, 表 3.1, 付表 1），Springer 社（図 5.2, 図 9.8）．これらの方々に，深く感謝する．

　また本書は，多くの方々との討論を経てできあがった．とくに，赤荻正樹（学習院大学），井上 徹，入舩徹男，大藤弘明，西原 遊（愛媛大学），久保友明（九州大学），富岡尚敬（海洋研究開発機構），永井隆哉（北海道大学），宮島延吉（バイロイト大学）の諸氏との討論は有益であった．また草稿を見ていただいた大谷栄治氏（東北大学）からは，有益なコメントをいただいた．これらの方々に深く感謝したい．また，共立出版の信沢孝一氏と三輪直美女史には編集でお世話になった．とくに信沢孝一氏には，著者の遅筆に長らくご辛抱いただくとともに，完成をお待ちいただいたことに，深く感謝したい．氏の忍耐なくしては，本書は出来上がらなかったであろう．

　本書の執筆には細心を尽くしたが，なお間違いや改善すべき点があるものと思われる．今後の本書の改善のためにも，そうした点でのご意見を読者の皆様に仰ぎたいと思う．本書が鉱物学の理解の一助になれば，幸いである．

2015 年 4 月

藤　野　清　志

目　次

第 1 章　はじめに　　1
- 1.1　鉱物とは何か　　1
- 1.2　鉱物学は何をめざすか　　1

第 2 章　鉱物の化学組成と化学式　　3
- 2.1　鉱物の化学分析法　　3
- 2.2　鉱物の化学式　　5

第 3 章　結晶の幾何学と対称性　　8
- 3.1　結晶格子と晶系　　8
- 3.2　結晶の幾何学　　10
- 3.3　結晶の対称性　　11
  - 3.3.1　点　群　　12
  - 3.3.2　ブラベ格子　　18
  - 3.3.3　空間群　　20

第 4 章　X 線と電子線による結晶構造解析　　26
- 4.1　X 線構造解析と透過電子顕微鏡　　26
- 4.2　結晶による X 線と電子線の回折　　28
  - 4.2.1　ブラッグの式　　28
  - 4.2.2　ラウエの式　　29
  - 4.2.3　逆格子　　30
  - 4.2.4　エワルドの反射球　　33
  - 4.2.5　消滅則と多重回折　　35
- 4.3　X 線と電子線による結晶構造の解明　　37

vii

目　次

　　4.3.1　点群，空間群，格子定数の決定 37
　　4.3.2　X線による結晶構造解析 38
　　4.3.3　透過電子顕微鏡による微細組織・構造の観察 41

第5章　スペクトル解析　　50
5.1　赤外分光 50
5.2　ラマン分光 52
5.3　メスバウアー分光 53
5.4　X線発光分光 58

第6章　主要鉱物の結晶構造：酸化鉱物，硫化鉱物，ケイ酸塩鉱物　　61
6.1　最密充填構造 61
6.2　酸化鉱物 63
　　6.2.1　ペリクレス構造 63
　　6.2.2　コランダム構造 64
　　6.2.3　スピネル構造 66
　　6.2.4　ペロブスカイト構造 67
6.3　硫化鉱物 70
6.4　ケイ酸塩鉱物 72
　　6.4.1　かんらん石 74
　　6.4.2　輝　石 75
　　6.4.3　ケイ酸塩ザクロ石 77
　　6.4.4　ケイ酸塩ペロブスカイト 79
　　6.4.5　ポスト–ケイ酸塩ペロブスカイト 81

第7章　鉱物の結晶化学　　84
7.1　原子の構造 84
7.2　化学結合 87
7.3　イオン半径と配位数 91

	7.3.1	イオン半径	91
	7.3.2	配位数	91
7.4	結晶構造のシミュレーション		95

第8章 熱力学と鉱物の安定性 97

- 8.1 熱力学の法則 97
  - 8.1.1 熱力学の第一法則 97
  - 8.1.2 熱力学の第二法則 98
  - 8.1.3 熱力学の第三法則 99
- 8.2 自由エネルギーと鉱物の安定性 99
- 8.3 固溶体の熱力学 103

第9章 鉱物の相変態 108

- 9.1 相変態のメカニズム 108
- 9.2 相変態の速度論 110
  - 9.2.1 相転移の活性化エネルギー 110
  - 9.2.2 一般的な相変態の速度論 114
- 9.3 鉱物の相変態と地球内部の層構造 115
  - 9.3.1 オリビン（α）-スピネル（γ）転移 117
  - 9.3.2 オリビン（α）-変形スピネル（β）転移 119
- 9.4 高圧下における鉱物中の鉄のスピン転移 121

第10章 鉱物の物性 124

- 10.1 熱的性質 124
- 10.2 弾性的性質 125
- 10.3 電気的・磁気的性質 130
  - 10.3.1 電気伝導度 130
  - 10.3.2 誘電性 131
  - 10.3.3 磁　性 131
- 10.4 状態方程式 132

ix

目　次

第 11 章　鉱物の合成　　135
11.1 高温合成 136
11.1.1 高温発生装置 136
11.1.2 フラックス法（融剤法）. 137
11.2 高圧合成 139

付録 A　格子軸変換による空間群の記号の変換　　143

付録 B　消滅則による反射の消滅と多重回折による出現　　145

付録 C　電子線回折パターンの指数付け　　149

付表 1　空間群決定の表　　154

付表 2　有効イオン半径の表　　165

参考文献　　169

索　　引　　175

欧文索引　　178

第1章 はじめに

1.1 鉱物とは何か

　地球や他の惑星を構成する岩石は，**鉱物**（mineral）の集合体である．では，鉱物とは何かというと，一般には「均質な天然の固体物質」とされている．「均質な」とは，一定の化学式をもつということである．ただし，鉱物中の特定の原子位置（サイト）をマグネシウムと鉄が任意の割合で占めるような**固溶体**（solid solution）は，各サイトの割合が一定なので一定な化学式とみなす．また，サイト中のマグネシウムと鉄の比が鉱物粒子の中心から外側に向かって変化しているゾーニング（zoning）のような場合も，「均質」の範疇に含める．「天然の」とは，生物が関与してできたものではないという意味である．また，鉱物は一般に固体物質をさすが，例外的に水銀のような液体物質を含める場合もある．以上の定義からすると，火山ガラス（組成が一定でない），石炭，琥珀，化石（いずれも生物が関与）は，一般には鉱物には入れない．しかし，その境界はさほど厳密ではない．

1.2 鉱物学は何をめざすか

　鉱物学は，おもに2つのことを目的としている．ひとつは地球惑星科学として，地球や他の惑星はどのような物質からなり，それらの物質はどのような性質をもつかを解明することを通じて，地球や他の惑星の諸現象を物質科学的に

第 1 章　はじめに

明らかにすることである．もうひとつの目的は，材料科学の立場から，人間の役に立つ物質の開発と利用法を明らかにすることである．これら 2 つの目的をめざすための研究手法・方法論として，自然科学の基本である数学，物理学，化学，生物学，地球惑星科学を用いる．これらに加えて，最近発展の目覚ましい計算機科学も広く用いられている．

　歴史的に博物学として出発した鉱物学についてのこれまでの本では，記載的な事柄にも多くのスペースを割き，また種々の鉱物についての各論も述べている場合が多い．しかし本書では，そうした記載的な事柄は他書に譲り，鉱物の研究を進めるうえで必要な基本的な方法論について，おもに物理学や化学を基礎に述べるように心がけた．とくに，鉱物学は結晶学と熱力学を基本的な拠り所としているので，それらについては導入部でかなりスペースを割いて述べた．

第2章 鉱物の化学組成と化学式

2.1 鉱物の化学分析法

　鉱物がどのような物質からなるかを調べるとき，その結晶構造と並んで重要なのがどのような化学組成をもつかである．鉱物の化学組成は，1950年代ごろまでは，鉱物を粉砕して酸やアルカリに溶かし，適当な試薬を加えてある種の反応が終了するのに要するそれらの試薬量を秤量する湿式分析が主であった．しかし，この分析法では多量の鉱物を必要とし，熟練した技術と長い時間が必要であった．そこで1950年代ごろ以降，それに代わる方法として，**分光分析**（spectrum analysis）や **X線分析**（X-ray analysis）が使われるようになった．両者とも，物質に含まれる原子の電子のエネルギーレベルがそれぞれの原子に固有なことを利用しており，より少ない試料と簡便な方法，および短時間で分析できる点に特徴がある．以下にこれらの方法について述べる．

　分光分析では，原子の外殻電子のエネルギー準位を利用する．図2.1に見るように，原子の外側で他の原子との結合などに関与する外殻電子は，それぞれの原子に固有な振動などに関係するエネルギー準位をもち，それらの基底状態と励起状態のエネルギー差は波長でいうと数百 nm に相当する．このエネルギー差に相当する光の吸収や発光を利用して原子種を同定，定量するのが，分光分析法である．このうち試料を気化して発光させ，分光器にかけて発光スペクトルを観測するのが発光分光分析法であり，試料を気化して光を当て，その吸収スペクトルを観測するのが原子吸光法である．これらの方法は，いずれも試料を

第 2 章　鉱物の化学組成と化学式

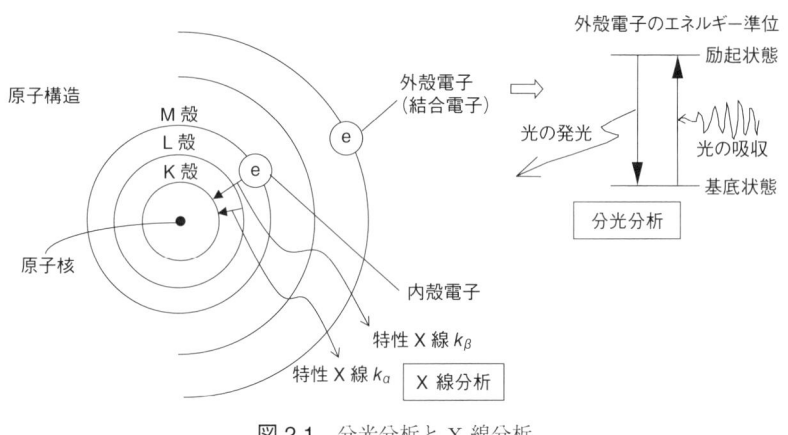

図 2.1　分光分析と X 線分析

気化させる必要があるが，その量は湿式分析に要する量よりずっと少なく，微量な量も測定できる．

これに対し，原子の内殻にある電子のエネルギー準位の差を利用するのが X 線分析である（図 2.1）．X 線分析に用いる電子の殻のエネルギー準位はやはりそれぞれの原子に固有な値であり，それらのエネルギー準位の差は，分光分析に用いるエネルギーの差よりずっと大きく，$10^{-2} \sim 10\,\mathrm{nm}$ の X 線領域に相当する．こうした元素に固有の X 線を，**特性 X 線**（characteristic X-ray）という．X 線分析では分光分析と違って，試料を気化させることなく非破壊の試料に電子線や X 線を当てることで特性 X 線を発生させるため，分光分析よりさらにずっと狭い領域を分析できる点に特徴がある．このことが，1960 年代以降の鉱物の微細な組織の解析に大きく貢献している．X 線分析にも次に述べるようにいろいろ種類があるが，最後にあげる分析電子顕微鏡を使うと，$10 \sim$ 数十 nm の狭い領域の分析も可能である．

- **蛍光 X 線分析**（fluorescent X-ray analysis）：非破壊や融かして固めた試料に連続 X 線を当て，試料全体あるいは微小領域から発生する特性 X 線を分光器にかけて測定する．
- **エレクトロンプローブマイクロアナリシス**（electron prove micro-analysis：EPMA）：絞った電子線を非破壊の試料に当て，発生する特性 X 線を測定す

る．空間分解能は 5 μm くらいである．
- **分析電子顕微鏡**（analytical electron microscope）：EPMA と原理は同じであるが，ごく薄い薄膜試料を使うので，空間分解能を桁違いに小さく（10〜数十 nm）できる．

なお，地球惑星科学では，固体中の鉄の 2 価と 3 価を区別して測定することも重要であるが，そのような場合の測定法として，透過電子顕微鏡で試料中を通過する電子のエネルギー損失を利用する**電子エネルギー損失スペクトル法**（electron energy loss spectroscopy），後の 5.3 節で述べる試料の γ 線共鳴吸収スペクトルを利用する**メスバウアー分光法**（Mössbauer spectroscopy），高分解能による特性 X 線の L 線の強度分布を利用する方法などがある．

2.2　鉱物の化学式

　2.1 節に記述した方法で分析した鉱物の分析値は，普通重量パーセント（wt%）で表現される（表 2.1）．それら重量パーセントは，鉱物の陰イオンが O^{2-} または $(OH)^-$ のときは，Mg_2SiO_4 の場合なら $Mg_2SiO_4 = 2\,MgO + SiO_2$，$Mg(OH)_2$ なら $Mg(OH)_2 = MgO + H_2O$ のように，電気的に中性の酸化物のかたちで表される．また，F^- や Cl^- を含むときは，$MgCl_2 = MgO + 2\,Cl^- - O^{2-}$ として，重量%は酸化物と F^- や Cl^- の和のかたちで表すが，同時に F^- または Cl^- と同量の電荷の O^{2-} を引いて表現する．表 2.1 で H_2O^+ は試料に含まれる水を，H_2O^- は試料についた吸着水を表す．一般に，分析値の合計が 100±0.5% 以内なら，良い分析値とされる．

　これら重量パーセントで表した分析値は，モル数に変換して，合計の陰イオン数がそれぞれの鉱物に特有な整数値になるような化学式にして表現する．表 2.1 では，陽イオンの配位数ごとにまとめて表現している．その結果，得られた各配位数ごとの陽イオン数がそれぞれの鉱物に特有な数に一致するかどうかで，鉱物を同定することができる．しかし，後で述べるように，同じ化学組成でも違う結晶構造の鉱物があるので，化学組成だけで鉱物が同定されるわけではない．最終的には，X 線や電子顕微鏡のデータで結晶構造も確認したのち，同定する必要がある．

第 2 章　鉱物の化学組成と化学式

表 2.1　各種鉱物の化学組織

各種鉱物の化学組成 (wt%)*					
かんらん石（フォルステライト）		輝石（エンスタタイト）		角セン石（ホルンブレンド）	
SiO_2	41.85	SiO_2	57.10	SiO_2	47.95
TiO_2	0.07	TiO_2	0.17	TiO_2	0.88
Al_2O_3	0.00	Al_2O_3	0.70	Al_2O_3	6.46
FeO	2.05	Cr_2O_3	0.27	Fe_2O_3	4.45
MnO	0.21	Fe_2O_3	0.60	FeO	10.49
MgO	56.17	FeO	5.21	MnO	0.63
CaO	0.00	MnO	0.17	MgO	13.33
計	100.35	MgO	34.52	CaO	12.08
		CaO	0.62	Na_2O	1.06
		Na_2O	0.07	K_2O	0.53
		K_2O	0.03	H_2O^+	1.89
		H_2O^+	0.64	H_2O^-	0.05
		H_2O^-	0.06	F	0.17
		計	100.20		100.00
				$-O \equiv F$	0.08
				計	99.92

O = 4 としたときの陽イオン数（かんらん石）:

Si	0.988	
Al	0.000	
Ti	0.001	
Mg	1.976	} 2.02
Fe^{2+}	0.040	
Mn	0.004	
Ca	0.000	

O = 6 としたときの陽イオン数（輝石）:

Si	1.976	} 2.00
Al	0.024	
Al	0.004	
Cr	0.008	
Fe^{3+}	0.016	
Ti	0.004	
Mg	1.780	} 2.00
Fe^{2+}	0.151	
Mn	0.005	
Ca	0.023	
Na	0.004	
K	0.002	

(O,OH,F) = 24 としたときのイオン数（角セン石）:

Si	7.015	} 8.00
Al	0.985	
Al	0.129	
Ti	0.097	
Fe^{2+}	0.490	} 4.98
Fe^{2+}	1.284	
Mn	0.078	
Mg	2.906	
Na	0.301	
Ca	1.894	} 2.29
K	0.099	
OH	1.845	} 1.93
F	0.079	

*分析データは，Deer et al.（1992）による．

2.2 鉱物の化学式

表 2.2 かんらん石の分析値の表現

重量パーセント	100 g 中のモル数	100 g 中の O のモル数	O のモル数を 4 としたときのモル数
SiO$_2$ 41.22	$41.22/60.09 = 0.6860$	$0.686 \times 2 = 1.372$	$0.686 \times 4/2.744 = 1.000$
MgO 50.89	$50.89/40.31 = 1.262$	1.262	$1.262 \times 4/2.744 = 1.840$
FeO 7.89	$7.89/71.85 = 0.110$	0.110	$0.110 \times 4/2.744 = 0.160$
計 100.00		2.744	

分析値の処理の仕方として，かんらん石を例に取ってみよう．今，得られた重量パーセントを規格化して表 2.2 に見るように全体を 100％ にしたとする．それぞれの酸化物の分子量は，SiO$_2$ = 60.09, MgO = 40.31, FeO = 71.85 なので，それぞれの重量パーセントを分子量で割ることにより，100 g 中の各陽イオンのモル数（第 2 列）および酸素のモル数（第 3 列）が得られる．かんらん石では化学式の酸素数を 4 で表すので，全体の酸素のモル数が 4 となるように計算し直す（第 4 列）．そうすると，Mg$_{1.84}$Fe$_{0.16}$SiO$_4$ の化学式が得られる．普通，かんらん石では 2 価の陽イオンの合計数を 2 となるように表現するので，このような場合，(Mg$_{0.92}$Fe$_{0.08}$)$_2$SiO$_4$ と表現するのが普通である．こうすることで，このかんらん石はモル比が Mg 92％, Fe 8％ の固溶体であることが表現される．

なお，後に述べる結晶の単位格子中にある原子の数が化学式の何倍かを表す値 Z を用いると，このかんらん石の密度の計算値 ρ_c（空孔がないと仮定）は，以下のように表される．

$$\rho_c (\mathrm{g\,cm^{-3}}) = \frac{Z \times \{(\mathrm{Mg, Fe})_2\mathrm{SiO}_4 \text{の分子量}\}}{\text{アボガドロ (Avogadro) 数} \times \text{単位格子の体積}} \tag{2.1}$$

ここにアボガドロ数 $= 6.022 \times 10^{23}$ とする．(2.1) 式は，化学式を置き換えれば，他の鉱物でも成立する一般的な式である．

第3章 結晶の幾何学と対称性

3.1 結晶格子と晶系

結晶は，基本となる原子の集合の構造が3次元的に繰り返している．そこで，それらの集合のある1点を代表として取り出すと，それらの点の集まりは3次元的な格子をつくる．こうして出来る3次元の格子を，**結晶格子**（crystal lattice）という．それらの格子点がつくる繰返しの基本となる平行六面体を，**単位格子**（unit cell）という．単位格子のかたちは，図3.1に示すように，平行六面体の3つの稜の大きさ a, b, c と，それらの間の3つの角度 α, β, γ によって表すことができる．これら6つの値を，**格子定数**（lattice constant）という．また，3つの稜を方向も含めたベクトル a, b, c で表すとき，a, b, c を**単位格子ベクトル**（unit cell vector）という．

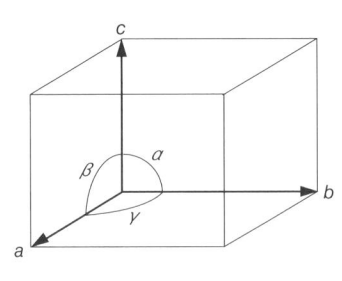

図 3.1　単位格子

3.1 結晶格子と晶系

表3.1 結晶格子と7つの晶系

結晶系	格子定数 条件	命名の約束	空間格子	晶族(結晶点群)	ラウエ群
三斜		$c < a < b$ $\alpha \geq 90°, \beta \geq 90°$	P	1	$\bar{1}$
単斜	$\alpha = \gamma = 90°$ $(\alpha = \beta = 90°)^*$	$c < a, \beta \geq 90°$	P, C^{**}	$m,\quad 2$	$2/m$
直方 (斜方)***	$\alpha = \beta = \gamma = 90°$	$c < a < b$	P, C^{**} F, I	$mm2,\ 222$	mmm
正方	$a = b$ $\alpha = \beta = \gamma = 90°$		P, I	$\bar{4},\quad 4$ $\bar{4}2m, 4mm, 422$	$4/m$ $4/mmm$
三方****	$a = b = c$ $\alpha = \beta = \gamma$		$R(P)$	3 $3m,\quad 32$	$\bar{3}$ $\bar{3}m$
	$a = b$ $\alpha = \beta = 90°$ $\gamma = 120°$		P		
六方	$a = b$ $\alpha = \beta = 90°$ $\gamma = 120°$		P	$\bar{6},\quad 6$ $\bar{6}m2, 6mm, 622$	$6/m$ $6/mmm$
等軸 (立方)	$a = b = c$ $\alpha = \beta = \gamma = 90°$		P, F, I	23 $\bar{4}3m,\quad 432$	$m\bar{3}$ $m\bar{3}m$

*単斜晶系では対称の軸は1方向だけであり,これを**b**とするのが古くからの習慣であった.しかし最近ではこれを**c**ととることが国際的な規約として認められ,現在では両者が用いられている.
**軸の選び方によってはA,またはBの面心が現れてくる.
***元の表では斜方であったが,訳語の変更により直方(斜方)とする.
****三方晶系の格子には,菱面体格子(R)と六方格子の両方がある.

(桜井(1967)を改変)

結晶格子を格子点のもつ**対称性**(symmetry)(後述)で分類すると,3次元では7つの種類になる.これらは3.3で述べる7つの**晶系**(crystal system)に分類される.ただし,三方晶系には後述する菱面体格子Rと六方格子Pの両方がある.その幾何学的特徴を表3.1に示す.この表で,格子定数のa, b, cを大小関係で表しているのは,同じ単位格子の格子定数に,人により違う格子定数をつける混乱を防ぐためである.また,軸間の角度α, β, γが90°またはそれより大きい角度になるように,軸をとることになっている.

なお,表3.1で上から3番目の長さが異なる3軸が直交する晶系を"直方(斜方)"としている.これは従来,英語名のorthorhombicの訳語を"斜方晶系"と

していたので，斜方としていた．しかし，2014（平成26）年の日本結晶学会の総会で，orthorhombic の訳語を"直方晶系（斜方晶系）"とすることが決議されたので，本書ではそれに従って，従来の"斜方"を"直方（斜方）"と記すことにした．

3.2　結晶の幾何学

結晶の任意の面は，ミラーの指数（Miller indices）を用いて（hkl）と表す．ここで h, k, l は，任意の面の傾きを a, b, c の3軸上の切片 $a/h, b/k, c/l$ を通る面として表すときの値であり（図3.2），これらの h, k, l は必ず整数値を取ることが知られている．これら h, k, l をミラーの指数または**面指数**（plane indices）という．なぜこうした整数値 h, k, l が必ず存在するかは，結晶面というものが，結晶中の同じ性質の原子を通る面であることを考えれば理解される．すなわち，図3.3を見ればわかるように，結晶中の同じ性質の原子どうしは結晶格子をつくるので，結晶面はいずれかの格子面に一致する．したがって，原点 O を含む単位格子内で同じ傾きの面を考えれば，その面の a, b, c 軸上の切片は必ずそれぞれ a, b, c の整数分の1となるからである．

一方，結晶中の任意の方向 $\boldsymbol{R}$ は，$\boldsymbol{R} = p\boldsymbol{a} + q\boldsymbol{b} + r\boldsymbol{c}$ としたとき，それぞれ $\boldsymbol{a}, \boldsymbol{b}, \boldsymbol{c}$ の係数を用いて $[pqr]$ と表す．p, q, r は任意の実数である．結晶の外形に現れるいくつかの平行な稜は，まとめて**晶帯**（zone）という．その方向を晶帯軸というが，晶帯軸はその稜をつくる2つの結晶面（$h_1 k_1 l_1$）と（$h_2 k_2 l_2$）

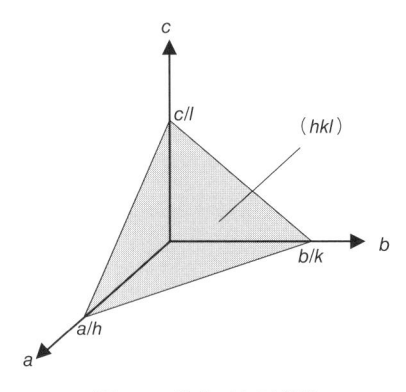

図3.2　結晶面と面指数

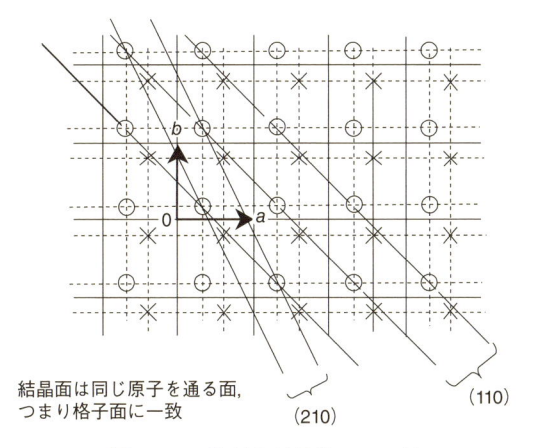

図 3.3 面指数と結晶格子の関係

の交線方向で定義することができる．その方向を $[uvw]$ とすると，u, v, w はそれぞれの結晶面に平行で原点を通る面の方程式を連立して解くことにより，

$$u = k_1 l_2 - k_2 l_1, \quad v = l_1 h_2 - l_2 h_1, \quad w = h_1 k_2 - h_2 k_1$$

となる．

3.3 結晶の対称性

結晶には，回転や平行移動などの操作を加えても，前と変わらない状態になる場合がある．このとき，結晶は**対称性**（symmetry）をもつという．前と変わらない状態になることを同位するといい，同位させる操作を，**対称操作**（symmetry operation）という．対称操作には，1 点を固定させたままで同位させる場合と，平行移動を含めて同位させる場合とがある．前者から**点群**（point group）が，そして後者から**空間群**（space group）が導かれる．ここで，群という言葉が出てくるので，改めて群のことに触れておきたい．群とは，以下のような構成要素（元）からなる集合 G のことをいう．

$g_1, \ldots, g_n$ が集合 G の元であって，任意の 2 つの元 g_i, g_j の間に合成則（積）が定義されており，それら元の間で次の 4 条件が満たされているとき，集合 G を群とよぶ．

(i) 任意の 2 つの元 g_i と g_j の積 $g_j \cdot g_i$ が G に属する．

(ii) G の任意の元 g_i, g_j, g_k に対し，
$$g_k \cdot (g_j \cdot g_i) = (g_k \cdot g_j) \cdot g_i$$
である． (結合則が成立)

(iii) G の任意の元 g_i に対し，
$$e \cdot g_i = g_i \cdot e = g_i$$
となる単元 e が G に存在する． (単元の存在)

(iv) G の任意の元 g_i に対し，
$$g^{-1} \cdot g_i = g_i \cdot g^{-1} = e$$
となる逆元 g^{-1} が G に存在する． (逆元の存在)

点群や空間群では，同位させる対称操作が群の元であり，対称操作を引き続いて行うことを積としたとき，それら対称操作の間に上述の 4 つのことが成立する．こうして，結晶を同位させる対称操作に群の概念を導入することで，群について成り立つ一般的な規則が同位させる対称操作にも成立し，存在可能な対称操作の組合せを導くのに役立てることができる．

3.3.1 点 群

点群の対称操作では，1 点を固定しての対称操作を考える．3 次元の場合に，どのような対称操作がありうるかみてみよう．表 3.2 に点群で用いられる対称操作とそれら対称操作に対応する**対称要素**（symmetry element）をまとめた．対称要素とは，同位させる対称操作の基準となる軸や面，点のことである．点

表 3.2 点群で用いる対称操作と対称要素

	対称操作	対称要素
第 1 種	回転（rotation）：ある軸の周りの回転	n 回回転軸　$n:2\pi/n$ の回転　$n=1,2,3,4,6$
第 2 種	鏡映（reflection）：ある面に関する鏡映	鏡映面　m
	反転（inversion）：ある点に関して反転	対称心　i または $\bar{1}$
	回反（rotatory inversion）：ある軸の周りの回転に続いて反転	n 回回反軸　$\bar{n}:2\pi/n$ の回転に続いて反転　$\bar{n}=\bar{1},\bar{2},\bar{3},\bar{4},\bar{6}$

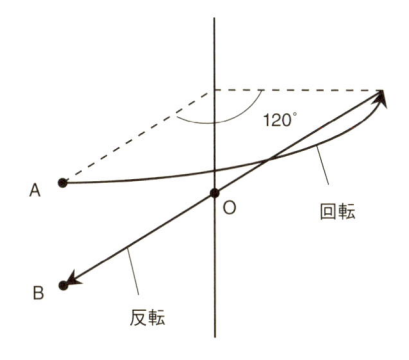

3.3 結晶の対称性

図 3.4 $\bar{3}$ の対称操作
点 A を軸の周りに 120° 回転させると同時に，点 O に関して反転させ，点 B に移す．

群の対称操作には，表 3.2 に見るように，第 1 種と第 2 種の対称操作がある．第 1 種の対称操作とは右手系を右手系に変える対称操作であり，第 2 種の対称操作とは右手系を左手系に変える対称操作である．第 1 種の対称操作はある軸の周りの回転のみであるが，第 2 種の対称操作としては，鏡映，反転，および回反の 3 種がある．鏡映はある面に対して鏡に映す操作，反転はある点に対して点対称に移す操作，回反とは，ある軸の周りに回転したのち引き続いて反転を行う操作である．図 3.4 に，$\bar{3}$（3 回回反軸）の場合の対称操作を示す．結晶の場合，格子の周期性を満たすためには，回転と回反は任意の角度が許されるのではなく，0°，180°，120°，90°，および 60° のみ，つまり $2\pi/n\,(n=1,2,3,4,6)$ の回転のみに限られ，n としては 5 がなく 7 以上も存在しないことが数学的に証明されている．

これらの対称要素のうち，回反軸の $\bar{1}, \bar{2}, \bar{3}, \bar{6}$ は，$\bar{1} \equiv i, \bar{2} \equiv m, \bar{3} \equiv 3+i$，$\bar{6} \equiv 3+$ それに垂直な m，となって，他の対称要素またはそれらの組合せと同等になるため，3 次元での独立な対称の要素としては，$1, 2, 3, 4, 6, i, m, \bar{4}$ の 8 つに限られる．これらを，独立な対称要素という．これら 8 つの対称要素を 1 点を固定して組み合わせたとき，それぞれの対称要素に含まれる対称操作を元とする群ができる．これを点群とよぶ．3 次元では，32 の点群がある（図 3.5）．図 3.5 の各点群は，複数の対称要素の組合せで表現されているが，ここで使われている**ヘルマン–モーガンの記号**（symbol of Hermann-Mauguin）の説明をしよう．以下では，数字 X は 1, 2, 3, 4, 6 などの回転軸，$\overline{X}$ は $\bar{1}, \bar{2}, \bar{3}, \bar{4}, \bar{6}$

13

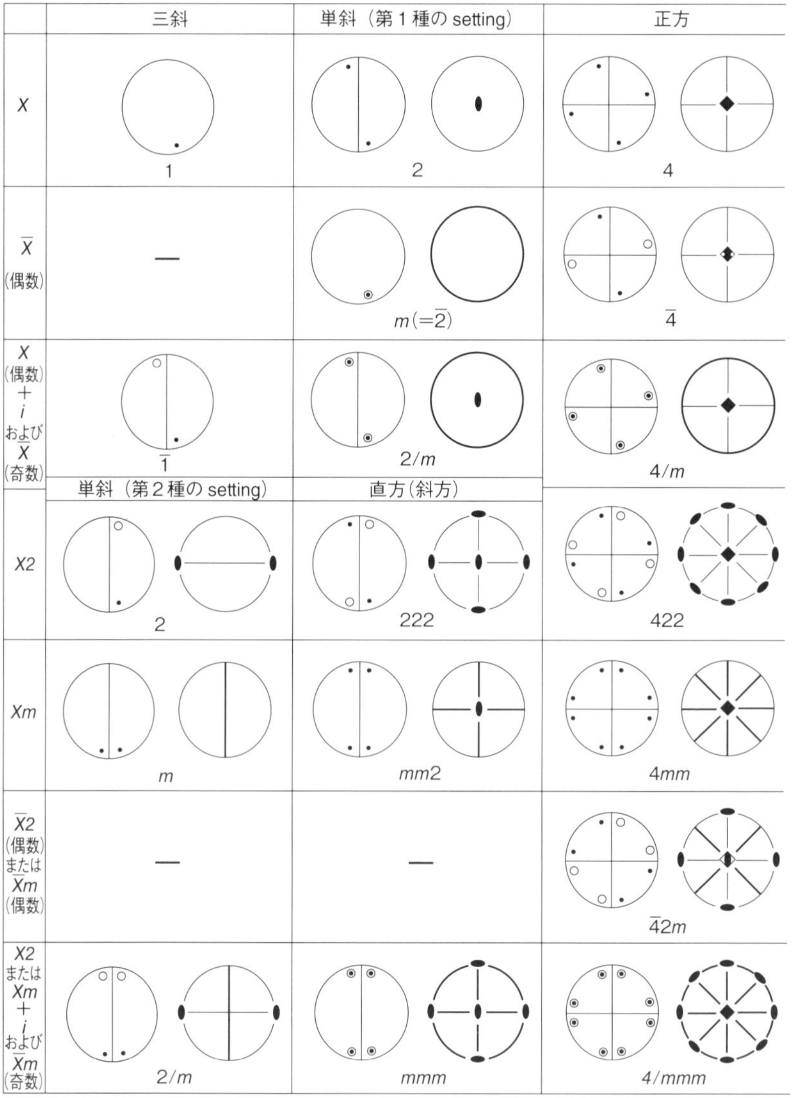

第 3 章 結晶の幾何学と対称性

	三斜	単斜（第1種の setting）	正方
X	1	2	4
$\bar{X}$ (偶数)	—	$m(=\bar{2})$	$\bar{4}$
X (偶数) $+ i$ および $\bar{X}$ (奇数)	$\bar{1}$	$2/m$	$4/m$

	単斜（第2種の setting）	直方（斜方）	
$X2$	2	222	422
Xm	m	$mm2$	$4mm$
$\bar{X}2$ (偶数) または Xm (偶数)	—	—	$\bar{4}2m$
$X2$ または Xm $+ i$ および $\bar{X}m$ (奇数)	$2/m$	mmm	$4/mmm$

図 3.5
それぞれの点群で，左は等価点，右は対称要素のステレオ投影図．記号については表 3.5 を参照．*点群の以前の省略記号 $m3$ 及び $m3m$ は，最新の International Tables では，それぞれ $m\bar{3}$ 及び $m\bar{3}m$ としている．

3.3 結晶の対称性

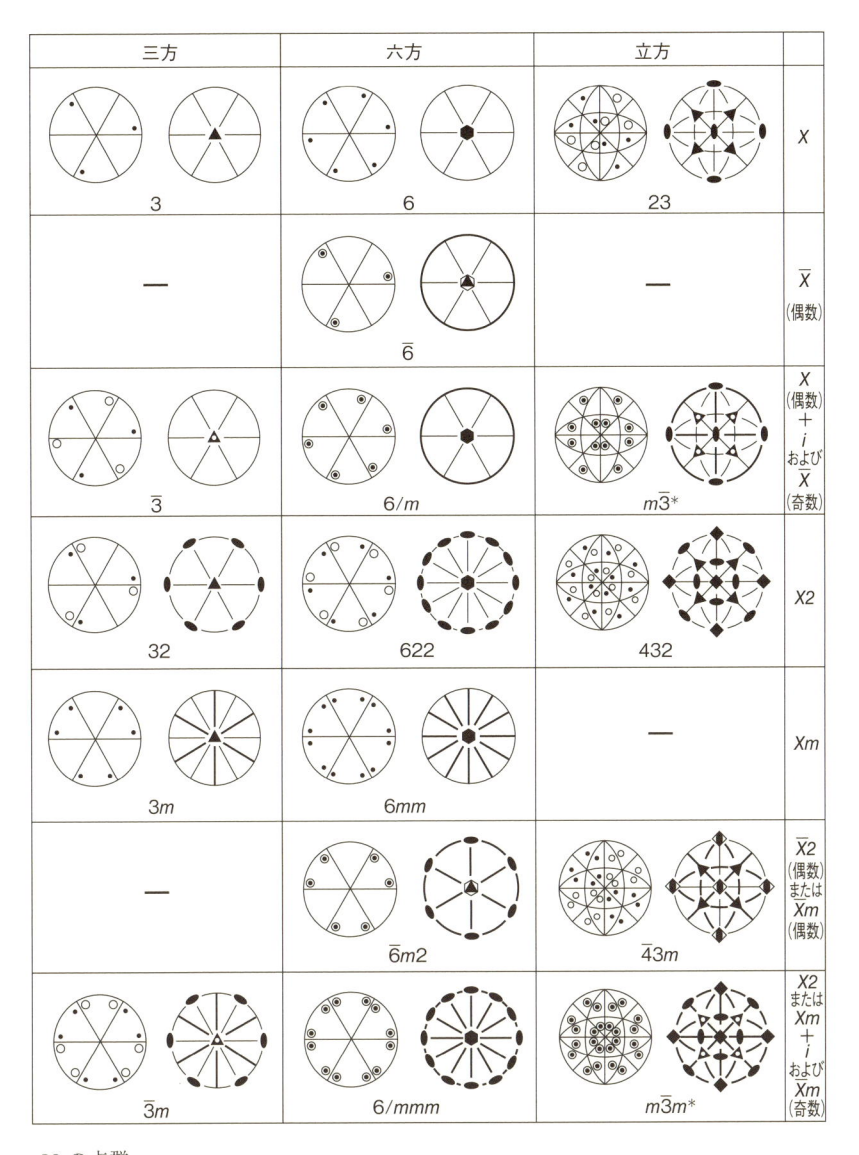

三方	六方	立方	
3	6	23	X
—	$\bar{6}$	—	$\bar{X}$ (偶数)
$\bar{3}$	$6/m$	$m\bar{3}$*	X (偶数) $+ i$ および $\bar{X}$ (奇数)
32	622	432	$X2$
$3m$	$6mm$	—	Xm
—	$\bar{6}m2$	$\bar{4}3m$	$\bar{X}2$ (偶数) または Xm (偶数)
$\bar{3}m$	$6/mmm$	$m\bar{3}m$*	$X2$ または $Xm + i$ および $\bar{X}m$ (奇数)

32 の点群

(International Tables for X-ray Crystallography, Vol. I, (1972) を改変)

15

第 3 章 結晶の幾何学と対称性

などの回反軸を表し，それらが単独に存在する場合，および他の対称要素と組み合わさっている場合の表示の仕方を表している．

- X ：回転軸が存在
- $\overline{X}$ ：回反軸が存在
- X/m ：X とそれに垂直な m が存在
- $\overline{X}/m$ ：$\overline{X}$ とそれに垂直な m が存在
- $X2$ ：X とそれに垂直な 2 が存在
- $\overline{X}2$ ：$\overline{X}$ とそれに垂直な 2 が存在
- Xm ：X とそれに平行な m が存在
- $\overline{X}m$ ：$\overline{X}$ とそれに平行な m が存在
- X/mm：X とそれに垂直な m および平行な m が存在
- Xmm ：X とそれに平行な 2 種類の m が存在

また，点群および後で述べる空間群で用いるヘルマン-モーガンの記号では，対称要素の並ぶ順番が各晶系ごとに決まっている．それを表 3.3 にまとめる．表で各晶系ごとに順番を結晶軸方向で書いてあるが，対称要素が回転軸などの軸の場合は軸方向がこれらの結晶軸と平行なことを表し，対称要素が面の場合は面がこれらの結晶軸に垂直に存在することを意味する．単斜晶系では，対称要素の 2 回軸または m（鏡面）を c 軸方向に取る場合と b 軸方向に取る場合の 2 通りがあり，それぞれ前者を第 1 種の setting，後者を第 2 種の setting とよんでいる．ふつうは第 2 種の setting を取る．

点群は，対称操作で移り変わる球面上の同じ性質の点（等価点という）の分布

表 3.3 ヘルマン-モーガンの記号の順序

晶　系	順　序 1	2	3	注
単斜晶系	c	—	—	第 1 種の setting
	b	—	—	第 2 種の setting
直法（斜方）晶系	a	b	c	
正方晶系	c	a	[110]	
六方晶系	c	a	[210]	
立方晶系	c	[111]	[110]	

（森本ほか，1975）

3.3 結晶の対称性

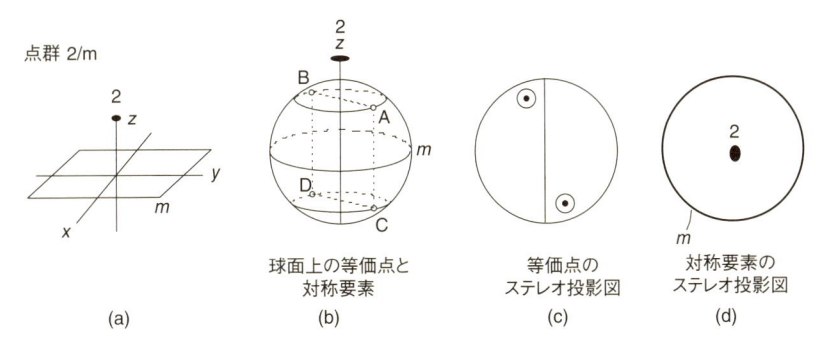

図 3.6 点群 $2/m$ の同価点と対称要素のステレオ投影図

(a) (b) 球面上の等価点と対称要素 (c) 等価点のステレオ投影図 (d) 対称要素のステレオ投影図

として表すことができるが,それでは表現しにくいので,球面上の点を平面に投影する方法のひとつであるステレオ投影で 2 次元的に表した等価点の分布として表すのが普通である.点群の表現の具体的な例として,図 3.6 に点群 $2/m$ の場合を示す.点群 $2/m$ は,2 回軸に垂直に鏡面が組み合わさったものである.今,2 回軸の方向を z 軸,それに垂直な平面に x, y 軸を取るとする(図 3.6a).すると,点群 $2/m$ は球面上でいえば,図 3.6b の球面上の点 A,B,C,D に同じ性質の点が分布している場合に相当する.これらの等価点のステレオ投影図が図 3.6c であり,この点群がもつ対称の要素である 2 回軸と鏡面 (m) のステレオ投影図が図 3.6d である.点群 $2/m$ の等価点は 4 つであり,それはこの点群の元である対称操作の数に等しい.それら 4 つの対称操作は,球面上の等価点を自分自身を含めた 4 つの点のどれかに移動することに対応する.今 A 点を取れば,4 点への移動は以下のように点群の 4 つの対称操作に対応している.

対称操作
$R^z(0)$: z 軸の周りの 0 の回転   A → A
$R^z(\pi)$: z 軸の周りの π の回転   A → B
S_{xy}: x–y 平面についての鏡映   A → C
$S_{xy} \cdot R^z(\pi)$: $R^z(\pi)$ に続いて S_{xy} を行う.   A → D

図 3.5 の各点群ごとの表現では,それぞれの点群の等価点と対称要素のステレオ投影図が,並べて書いてある.

3.3.2　ブラベ格子

　結晶は，同じ構造が3次元的に繰り返したものである．したがって，結晶はある周期の平行移動で同位する，つまり並進の対称性をもつ．その平行移動のベクトルを $\boldsymbol{T}_{lmn}$ とすると，$\boldsymbol{T}_{lmn}$ はある最小の基本的なベクトル $\boldsymbol{t}_1$, $\boldsymbol{t}_2$, $\boldsymbol{t}_3$ の整数倍の線形結合として表すことができる．

$$\boldsymbol{T}_{lmn} = l\boldsymbol{t}_1 + m\boldsymbol{t}_2 + n\boldsymbol{t}_3 \quad (ただし\ l,\ m,\ n\ は任意の整数) \tag{3.1}$$

これら $\boldsymbol{t}_1$, $\boldsymbol{t}_2$, $\boldsymbol{t}_3$ を基本並進ベクトルという．こうして出来る空間格子を格子点がもつ対称の要素と格子点の空間的なつまり方によって分類したものが，**ブラベ格子**（Bravais lattice）である．ブラベ格子は，平面格子では5種類，3次元格子では14種類ある．また，3次元の場合，14のブラベ格子を格子点が満たす点群によって分類すると7つの晶系になる．こうした空間格子の分類が，表3.4 である．先に示した表3.1 は，このような空間格子の性質に基づいてつくられている．14のブラベ格子を，図3.7a に示す．これらの表や図で，単純格子（P）とは格子点が格子の頂点のみにある格子，体心格子（I）は頂点に加えて単位格子の中心にも格子点のある格子，面心格子（F）は各頂点に加えて単位格子の各面の中心にも格子点のある格子，低面心格子（C）は各頂点に加えて上下のC面の中心にも格子点のある格子のことをいう．また，三方の場合は，単純格子を他と区別して菱面体格子（R）という．ここで三方晶系について，ひとこと触れたい．三方晶系は，1個の3または $\overline{3}$ を持つ場合である．従って，格

表3.4　格子点の満たす点群による7つの晶系と14のブラベ格子の分類

格子点の満たす点群	晶　系	ブラベ格子
$\overline{1}$	三　斜	P
$2/m$	単　斜	P, C
mmm	直方（斜方）	P, C, I, F
$4/mmm$	正　方	P, I
$\overline{3}m$	三　方	R
$6/mmm$	六　方	P
$m3m$	立　方	P, I, F

P：単純格子，C：底（面）心格子，I：体心格子，
F：面心格子，R：菱面体格子．

3.3 結晶の対称性

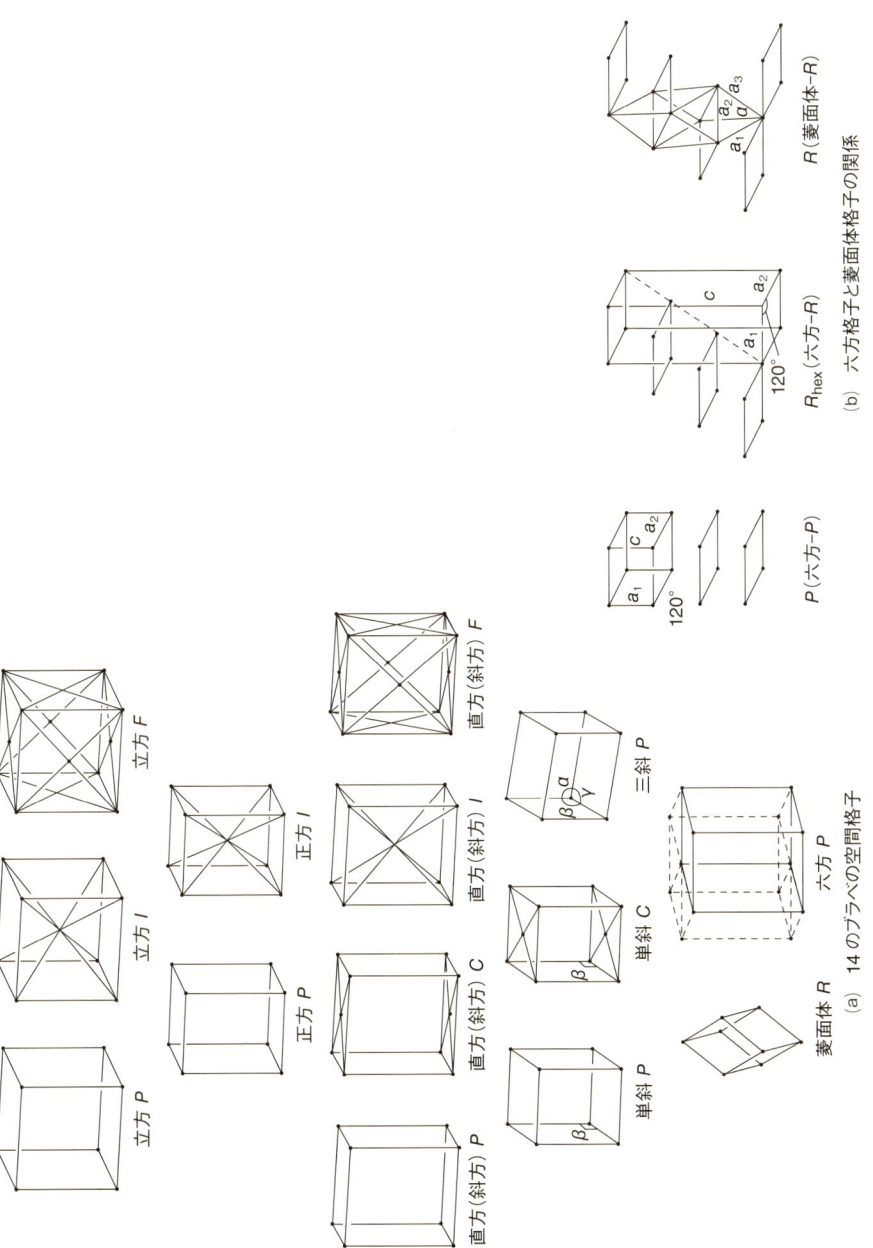

図 3.7 ブラベ格子（森本ほか，1975）
(a) 14のブラベの空間格子
(b) 六方格子と菱面体格子の関係

19

第3章 結晶の幾何学と対称性

子としてはこの菱面体格子がそれに相当するが，そのほか六方格子中に 3 または $\bar{3}$ を持つ原子配列がある場合も，三方晶系となる．従って三方晶系は，菱面体格子（R）と六方格子（P）の両方を格子に持つ．こういうと，単純格子でないものは格子点が平行六面体をつくっていないかのように思うかもしれないが，実はそうではなく新たな軸を選べば，これらの格子でもすべての格子点が平行六面体の頂点のみに存在することがわかる．そうした格子点をただ 1 つだけ含む単位格子を，基本単位格子という．ではなぜ単純格子以外の格子を設けるかといえば，図 3.7a に示すような格子軸を選ぶことで，いくつかのブラベ格子が同じ晶系に属する（格子点が同じ点群を満たす）ことが明瞭となるからである（表 3.4）．なお，三方晶系の菱面体格子は，便宜的に六方格子で表現することがある．その場合は，図 3.7b の中央の図に示すように，六方格子の中に c 軸方向の高さ 1/3 と 2/3 のところにも新たな格子点を設ける必要がある．図 3.5 の点群は，以下のような基準で 7 つの晶系に分類できる．

三斜：回転対称をもたない．
単斜：1 個の 2 または $\bar{2}$ をもつ．
直法（斜方）：2 または $\bar{2}$ を 2 個もつ．
正方：1 個の 4 または $\bar{4}$ をもつ．
三方：1 個の 3 または $\bar{3}$ をもつ．
六方：6 または $\bar{6}$ をもつ．
立方：4 個の 3 または $\bar{3}$ をもつ．

3.3.3 空間群

点群の対称操作に，並進の対称操作が加わると，新たな対称の要素であるらせん軸（screw axis）と映進面（glide plane）が出来る．らせん軸は，n 回回転に並進の操作が加わったもので，$2\pi/n$ の回転と同時に回転軸方向に t 進む対称要素である（図 3.8）．この操作を n 回繰り返すと，360° の回転となって回転軸に対して同じ角度位置に戻ってくるので，その間の回転軸方向の並進ベクトル nt は並進方向の格子の周期 s を満たさなければならないことから，並進 t には $t = (m/n)s$ $(m=1,2,\ldots,n-1)$ との制限がつく．こうして，それぞれの回転軸に対応して，2_1 $(n=2, m=1)$，3_1，3_2，4_1，4_2，4_3，6_1，6_2，6_3，6_4，6_5 のらせん軸が出来る．同様に，鏡映に並進の操作が加わると，ある面に対して鏡映

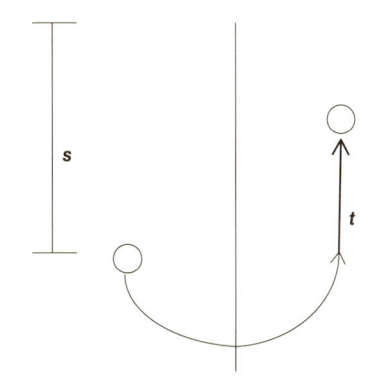

図 3.8 らせん軸の対称操作
ある軸の周りに $2\pi/n$ 回転させると同時に，軸にそって t 進ませる．s は軸方向の並進の周期．

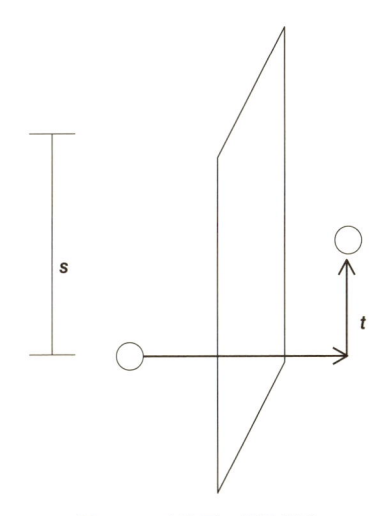

図 3.9 映進面の対称操作
ある面に関して鏡映すると同時にその面に平行にある方向に t 進ませる．s はその方向の並進の周期．

させると同時にその面に平行に t 進ませる対称操作からなる映進面ができる（図 3.9）．この場合も，この操作を 2 回繰り返すと鏡映面の同じ側に戻るので，らせん軸と同様この間の並進ベクトル $2t$ が併進の周期 s を満たさなければなら

第 3 章 結晶の幾何学と対称性

ないことから，$t = s/2$ の制限がつく．こうして，映進面 a, b, c, n, d が出来る．ここで，a, b, c, n, d の並進ベクトルは，以下に示すように，それぞれ格子軸方向の $\boldsymbol{a}/2, \boldsymbol{b}/2, \boldsymbol{c}/2$，格子の対角線方向のベクトル（たとえば $(\boldsymbol{a}+\boldsymbol{b})/2$ や $(\boldsymbol{a}+\boldsymbol{b}+\boldsymbol{c})/2$），面心や体心方向へのベクトル（たとえば $(\boldsymbol{a}\pm\boldsymbol{b})/4$ や $(\boldsymbol{a}\pm\boldsymbol{b}\pm\boldsymbol{c})/4$）となる．$n$ は対角映進面，d はダイヤモンド構造に見られることから，ダイヤモンド映進面といわれる．

a：鏡映と同時に $\boldsymbol{a}/2$ 進む．
b：鏡映と同時に $\boldsymbol{b}/2$ 進む．
c：鏡映と同時に $\boldsymbol{c}/2$ 進む．
n：鏡映と同時に $(\boldsymbol{a}+\boldsymbol{b})/2, (\boldsymbol{b}+\boldsymbol{c})/2, (\boldsymbol{c}+\boldsymbol{a})/2, (\boldsymbol{a}+\boldsymbol{b}+\boldsymbol{c})/2$ 進む．
d：鏡映と同時に $(\boldsymbol{a}\pm\boldsymbol{b})/4, (\boldsymbol{b}\pm\boldsymbol{c})/4, (\boldsymbol{c}\pm\boldsymbol{a})/4, (\boldsymbol{a}\pm\boldsymbol{b}\pm\boldsymbol{c})/4$ 進む．

これらの対称要素の記号は，紙面上で表 3.5 に示すように表現される．こうして並進対称性に基づくブラベ格子と 1, 2, 3, 4, 6, $m, i, \bar{4}$ およびらせん軸，映進面の対称要素のうちのいくつかを組み合わせると，やはりそれらの対称操作が群をつくる．これを空間群といい，3 次元では 230 個の群が出来る．これらの空間群は，"International Tables for X-Ray Crystallography, Vol. I" に集録されているので，必要に応じて参照することができる．以下に，そこに収載されている表の見方を説明する．

図 3.10 に，上記 "International Table" に出ている空間群 $C2/c$ の記載を示す．図の一番上の (a) には，左からこの空間群の晶系，点群，空間群の完全記号，通し番号，空間群の省略記号が書いてある．この場合は，単斜晶系で点群は $2/m$，空間群は $C2/c$ である．空間群の最初の大文字 C は，ブラベ格子が C 格子であることを表す．そのあとの記号は，この空間群のもつ対称要素を表し，その順番は表 3.3 に従う．この場合は，b 軸方向に 2 回軸とそれに垂直な c 映進面があることを示す．2 番目の (b) には，左側に単位格子中の対称操作で移り変わる等価な座標位置を示し，右側には単位格子中の対称要素の配置を示す．単位格子は，一般に c 軸方向から見た図を示し，左上が原点で下方に a 軸，右方向に b 軸を取っている．左側の図で，○は対称操作により右手系が右手系として移り変わる等価点を，○の中に点のあるものは，対称操作により右手系が左手系に変わる等価点を表す．等価点横の − や $\frac{1}{2}+$ などの記号は，(d) で述べる等価点の z 座標を表し，− は $-z$ を，$\frac{1}{2}+$ は $\frac{1}{2}+z$（単位格子の軸長を 1 とする）を

22

3.3 結晶の対称性

表 3.5 対称要素の記号

(a) 対称軸の記号

記号	回数	図上の記号	右手系らせん並進	記号	回数	図上の記号	右手系らせん並進
1	1回回転	なし	0	3	3回回反	△	0
$\bar{1}$	1回回反(反転)	○	0	4	4回回転	◆	0
				4_1	4回らせん	◆	$c/4$
2	2回回転	●(紙面に直交)	0	4_2	4回らせん	◆	$2c/4$
		→(紙面に平行)		4_3	4回らせん	◆	$3c/4$
				$\bar{4}$	4回回反	◆	0
2_1	2回らせん	●(紙面に直交)	$c/2$	6	6回回転	⬢	0
		→(紙面に平行)	$a/2$ または $b/2$	6_1	6回らせん	⬢	$c/6$
		以下紙面に直交		6_2	6回らせん	⬢	$2c/6$
				6_3	6回らせん	⬢	$3c/6$
3	3回回転	▲	0	6_4	6回らせん	⬢	$4c/6$
3_1	3回らせん	▲	$c/3$	6_5	6回らせん	⬢	$5c/6$
3_2	3回らせん	▲	$2c/3$	$\bar{6}$	6回回反	⬢	0

(b) 鏡面と映進面の記号

記号	対称面	図上の記号(投影面に直交)	図上の記号(投影面に平行*)	映進の性質
m	鏡面(反射面)	———	⌐	なし
a, b	軸映進面	---------	↓↓	$a/2; b/2; a_1/2$ と $a_2/2$
c		··········		$c/2$; 菱面体の軸では $(a+b+c)/2$
n	対角映進面	-·-·-·-·-	↗	$(a+b)/2,\ (b+c)/2,\ (c+a)/2$; 正方,立方では $(a+b+c)/2$ もある
d	ダイヤモンド映進面	-··-··-··	↗↙	$(a\pm b)/4,\ (b\pm c)/4,\ (c\pm a)/4$; 正方,立方では $(a\pm b\pm c)/4$ もある

*投影面からの高さを示すために必要なときは,1/4 とか 3/8 などと付記する.

(International Tables for X-ray Crystallography. Vol. I (1972) を改変)

第 3 章　結晶の幾何学と対称性

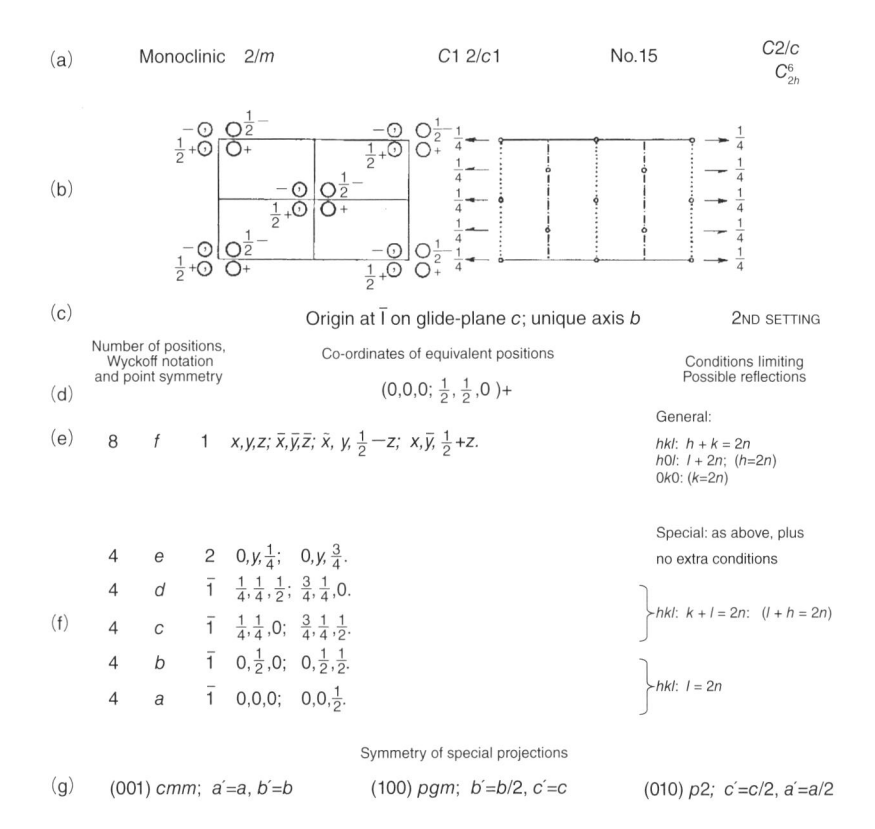

(a) Monoclinic　2/m　　　　C1 2/c1　　　No.15　　C2/c
　　　　　　　　　　　　　　　　　　　　　　　　　C_{2h}^6

(b)

(c)　　　　　　　Origin at $\bar{1}$ on glide-plane c; unique axis b　　2ND SETTING

　　　　Number of positions,　　　Co-ordinates of equivalent positions　　Conditions limiting
　　　　　Wyckoff notation　　　　　　　　　　　　　　　　　　　　　Possible reflections
(d)　　　and point symmetry　　　　　$(0,0,0; \frac{1}{2}, \frac{1}{2}, 0)+$

(e)　　8　f　1　$x,y,z; \bar{x},\bar{y},\bar{z}; \bar{x}, y, \frac{1}{2}-z; x,\bar{y}, \frac{1}{2}+z.$　　General:

　　　　　　　　　　　　　　　　　　　　　　　　　　　　　　　$hkl: h+k=2n$
　　　　　　　　　　　　　　　　　　　　　　　　　　　　　　　$h0l: l=2n; (h=2n)$
　　　　　　　　　　　　　　　　　　　　　　　　　　　　　　　$0k0: (k=2n)$

　　　　　　　　　　　　　　　　　　　　　　　　　　　　Special: as above, plus
　　　　4　e　2　$0,y,\frac{1}{4}; 0,y,\frac{3}{4}.$　　　　　　　　no extra conditions
　　　　4　d　$\bar{1}$　$\frac{1}{4},\frac{1}{4},\frac{1}{2}; \frac{3}{4},\frac{1}{4},0.$
(f)　　4　c　$\bar{1}$　$\frac{1}{4},\frac{1}{4},0; \frac{3}{4},\frac{1}{4},\frac{1}{2}.$　　　　　$hkl: k+l=2n: (l+h=2n)$
　　　　4　b　$\bar{1}$　$0,\frac{1}{2},0; 0,\frac{1}{2},\frac{1}{2}.$
　　　　4　a　$\bar{1}$　$0,0,0; 0,0,\frac{1}{2}.$　　　　　　　　　　　$hkl: l=2n$

　　　　　　　　　　　　Symmetry of special projections
(g)　　(001) cmm; $a'=a, b'=b$　　(100) pgm; $b'=b/2, c'=c$　　(010) $p2$; $c'=c/2, a'=a/2$

図 3.10　空間群 $C2/c$
(International Tables for X-ray Crystallography, Vol. 1, 1972)

意味する．右側の図では，各種対称要素が単位格子のどこにあるかを表し，記号の横の数字はその対称要素が z 座標のどこにあるかを示す．今の場合，b 軸に平行に2回軸が $z=1/4$ の高さに，そしてそれに垂直に c 映進面が $y=0$ と $y=0.5$ にあることを示す．また，C 面心格子で2回軸とそれに垂直な c 映進面がある結果として，2回らせん軸 2_1 が b 軸に平行に $z=1/4$ の高さに存在し，また n 映進面が b 軸に垂直に $y=1/4$ と $y=3/4$ に存在する．右の図の小さな丸印は，やはり結果としてできる対称心を示す．(c) には，単位格子の原点を c 映進面上の対称心に取っていること，および垂直な軸を b 軸に取ってい

3.3 結晶の対称性

ることを述べている（単斜晶系では，垂直な軸を c 軸に取ることもある）．（d）の紙面中央には，この空間群が C 格子であるため，格子点が座標（0, 0, 0）のほかに（1/2, 1/2, 0）にもあることを示している．（e）は対称操作で移り変わる一般位置の座標を記している．一般位置とは，対称要素の上にない位置のことで，その等価位置は空間群の対称操作と同じ数だけある．左から順に等価位置の数，等価位置を区別するためのワイコフ（Wyckoff）記号，等価位置の対称要素を表し，その右に原点右下の一般位置の座標を x, y, z としたとき，対称操作により移り変わる等価な一般位置の座標を表している．ここでは格子点（0, 0, 0）に対応した4つの座標しか書いてないが，格子点が（1/2, 1/2, 0）にもあるので，それを加えると等価な座標は8つになる．一方，（f）は，対称要素の上にある等価な特殊位置について記したものである．等価位置ののっている対称の要素によって，等価位置の数は一般位置の整数分の1になる．（g）は（001）などの面に投影したときの平面群を表す．

第4章 X線と電子線による結晶構造解析

4.1 X線構造解析と透過電子顕微鏡

鉱物の同定や光学的性質を調べるために，鉱物学の分野では光学顕微鏡が広く使われてきた．とくに偏光板を用いた偏光顕微鏡は，今でも鉱物の光学的性質を調べるうえで欠かせない．しかし，鉱物の結晶構造や微細組織，とくに微小な鉱物の結晶学的性質を調べるうえで，現在，**X線構造解析**（X-ray structure analysis）と**透過電子顕微鏡法**（transmission electron microscopy）は欠かせない手法である．ここでは，これら三者の手法を比較したうえで，X線と電子線による結晶構造解析の概要を述べる．

図4.1は，光学顕微鏡と透過電子顕微鏡，およびX線構造解析を比較した図である．このうち，光学顕微鏡と透過電子顕微鏡は原理が似ている．ただ，光学顕微鏡が光源に波長390〜770 nmの可視光を使い，レンズとして光学レンズを使うのに対して，透過電子顕微鏡では波長がずっと短い1〜4 pm（1 pm = 10^{-12} m）に相当する電子線を使い，レンズとして電磁石を使っている．そのため，光学顕微鏡では倍率は500倍，分解能〜200 nmくらいが限度であるが，電子顕微鏡では倍率100万倍，分解能〜0.1 nmも可能となっている．それに対し，X線構造解析の原理は，まったく異なる．X線構造解析では，顕微鏡で実像から出てレンズの焦点面に集まる情報を回折計という装置で得て，その情報から拡大した実像を得る過程は膨大な計算に基づいている．そうして得られる原子位置などの分解能は，〜0.1 pmと非常に高い．このように，透過電子顕微鏡

4.1 X線構造解析と透過電子顕微鏡

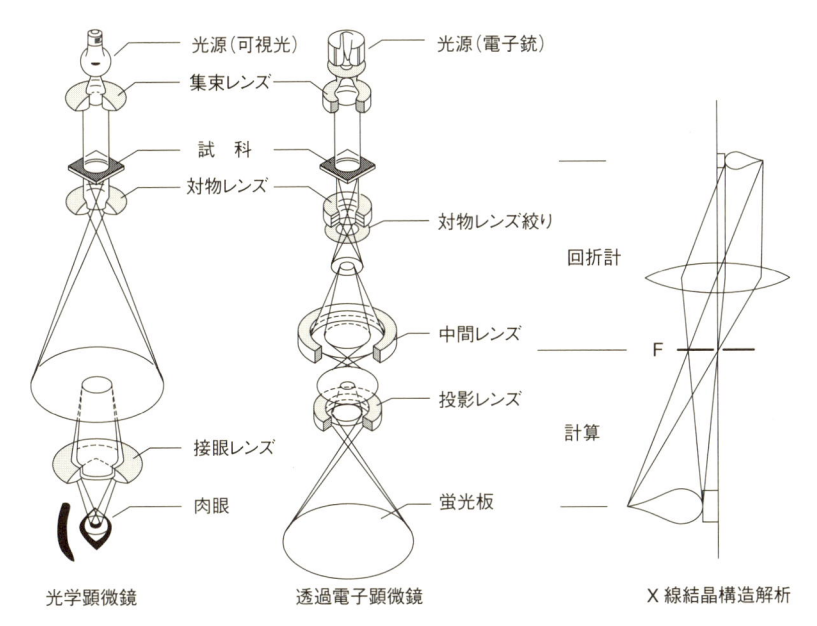

図4.1 光学顕微鏡，透過電子顕微鏡，X線結晶構造解析の比較
（日本電子技術資料）

とX線構造解析は，ともに高い倍率と分解能をもち，現在の鉱物の微細な構造や組織の研究には欠かせないが，両者の特徴は互いに相補的である．原子位置や電子密度などの分解能でいえばX線構造解析のほうが分解能が高いが，しかしX線回折で得られる情報は測定している物質全体の平均的な情報であって，局部的な情報が得られるわけではない．それに対し，透過電子顕微鏡では原子位置などの空間分解能はX線構造解析に劣るが，0.1～1 nm オーダーの非常に微小な領域の情報を得ることができる．また，透過電子顕微鏡では，結晶の実像とともに**回折**（diffraction）パターンが得られるのも強みであり，さらにエネルギー分散型X線分析装置を付けた分析透過電子顕微鏡では，物質により nm オーダーの化学組成分析も可能である．以下では，まず結晶の構造を調べる土台となる，結晶によるX線と電子線の回折をみてみよう．

4.2 結晶によるX線と電子線の回折

4.2.1 ブラッグの式

　結晶にX線や電子線が入射して，特定の方向に強い干渉波が散乱される現象を回折という．その結果観察されるのが，回折パターンである．今日，鉱物の同定や構造解析には，X線回折計による粉末試料の回折パターンがよく使われる．粉末試料のX線回折パターンは，一般に測定および解析が簡便であり，また，放射光で，高温高圧などの特殊環境下でのX線回折パターンを取るにも適した方法である．そこで，まずはこの回折パターンの解析によく使われる**ブラッグの式**（Bragg equation）を見てみよう．

　図 4.2 は，結晶の面間隔 d のある原子網面に，波長 λ のX線が角度 θ で入射し，同じ角度で散乱する場合を描いている．この場合，入射したX線が散乱後互いに強めあう条件は，上下の原子網面によって散乱されるX線の道のりの違いが，X線の波長 λ の整数倍になればよいから，以下のように表される．

$$2d\sin\theta = n\lambda \quad (n は正の整数) \tag{4.1}$$

これがブラッグの式である．この式は，広く粉末回折パターンの解析に使われている．しかし，X線や電子線による単結晶の回折パターンの解析にはこの式だけでは不十分であり，次に述べるような単結晶によるX線や電子線の回折を考える必要がある．X線と電子線ではそれぞれの波長の違いはあるが，原理はまったく変わらない．

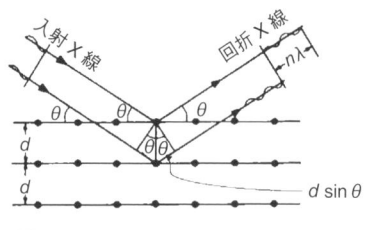

図 4.2　原子網面によるX線の反射

4.2 結晶によるX線と電子線の回折

4.2.2 ラウエの式

結晶は，一般に複数の種類の原子からなる単位格子が，3次元的な結晶格子をつくって繰り返している．したがって，単位格子中のそれぞれ同じ種類の原子もまた，同じ結晶格子をつくっている．そうした結晶によるX線や電子線の回折を理解するために，ここではそのうちの1つの原子による格子に着目して，まず直線上に同じ原子が格子ベクトル a で並んだ1次元格子，および平面上の2方向にそれぞれ格子ベクトル a と b で並んだ2次元格子，さらに空間の3方向にそれぞれ格子ベクトル a, b, c で並んだ3次元格子をつくっているとき，X線がそれらの原子によってどう散乱されるかを考えてみよう．

図4.3は，原子が間隔 a で並んだ1次元格子の場合を示す．ここで入射方向の単位ベクトルを s_0，散乱方向の単位ベクトルを s_1 としよう．そうすると，間隔 a で隣り合う原子により散乱されるX線が互いに強めあう条件は，両者によって散乱されるX線の道のりの差が波長 λ の整数倍であればよいから，図から以下の関係が成り立つ．

$$s_1 \cdot a - s_0 \cdot a = h\lambda \quad (\text{・は内積を表し，} h \text{は任意の整数}) \tag{4.2}$$

次に図4.4の2次元格子の場合は，それぞれ間隔 a で隣り合う格子上の原子による散乱が強めあうとともに，間隔 b で隣り合う格子上の原子による散乱も強めあわなければならないから，その条件は以下のようになる．

$$\begin{aligned} s_1 \cdot a - s_0 \cdot a &= h\lambda \\ s_1 \cdot b - s_0 \cdot b &= k\lambda \end{aligned} \quad (h, k \text{は任意の整数}) \tag{4.3}$$

こう考えれば，3次元格子の場合の3つの方向に隣り合う原子による散乱が強

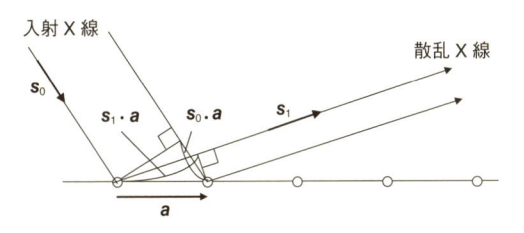

図4.3 1次元格子による散乱

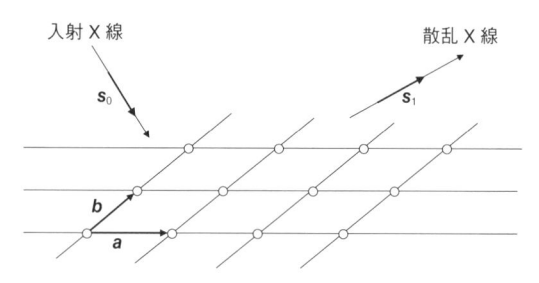

図4.4 2次元格子による散乱

めあう条件が以下のようになるのは，明らかであろう．

$$s_1 \cdot a - s_0 \cdot a = h\lambda$$
$$s_1 \cdot b - s_0 \cdot b = k\lambda \quad (h, k, l \text{ は任意の整数}) \tag{4.4}$$
$$s_1 \cdot c - s_0 \cdot c = l\lambda$$

上式は，単結晶による回折条件を表す式で，**ラウエの式**（Laue equation）といわれる．ここでは，単位格子中のある1つの原子について上の条件が成り立つことを考えたが，単位格子中の他の原子も同じ格子をつくっているので，(4.4)式が成り立てば，単位格子中のすべての原子も回折条件を満たすことになる．ただし，それぞれの原子の種類と位置が異なるので，その種類と位置の違いを散乱に考慮することにより，結晶全体の回折X線の強度は決まる．電子線の場合も回折が起きる条件は(4.4)式で変わりはないが，回折電子線の強度は，X線の場合よりも複雑になる．

4.2.3 逆格子

ある結晶が回折を起こす条件を求めるには，(4.4)式を満たす s_1 と s_0 つまりは $s_1 - s_0$ を求めればよいわけであるが，このことを幾何学的に理解するために，以下に(4.4)式の幾何学的な意味について考えてみよう．そのことから，結晶学で重要な**逆格子**（reciprocal lattice）の幾何学的な意味も理解される．ここで，散乱ベクトル $k = s_1/\lambda - s_0/\lambda$ を導入する．すると，(4.4)式のラウエの条件は，

$$k \cdot a = h$$

$$k \cdot b = k \tag{4.5}$$
$$k \cdot c = l$$

と表される．そこでさらにそれぞれ a, b, c 方向の単位ベクトル e_1, e_2, e_3 を導入すると，(4.5) 式は以下のようになる．

$$k \cdot e_1 = \frac{h}{a}$$
$$k \cdot e_2 = \frac{k}{b} \tag{4.6}$$
$$k \cdot e_3 = \frac{l}{c}$$

(4.6) 式の第 1 式の意味は，図 4.5 に見るように k が，a に垂直で間隔が $1/a$ の平面に至る任意のベクトルであることを意味する．

そこで，(4.6) 式の 3 つの式を満たす k とはどのようなベクトルであるかを考えてみよう．図 4.6 で，平面 A は a 軸に垂直で点 O からの距離が h/a の面，平面 B は b 軸に垂直で点 O からの距離が k/b の面，直線 C は面 A と B の交線，そして点 D は c 軸に垂直で点 O からの距離が l/c の面と直線 C との交点とする．すると，(4.6) 式の第 1 式と第 2 式を同時に満たすベクトル k は点 O から直線 C 上の任意の点に至るベクトルであり，したがってさらに (4.6) 式の第 3 式も同時に満たすベクトル k は，点 O から交点 D に至るベクトルであることが理解できよう．つまり，a, b, c それぞれの軸に垂直で，間隔がそれぞれ $1/a$, $1/b$, $1/c$ の 3 種の平面によってできる無数の交点を考えると，(4.6) 式を満たすベクトル k とは，点 O からそれらの任意の交点に至るベクトルということになる．これら 3 種の平面による交点からなる格子が，逆格子である．そ

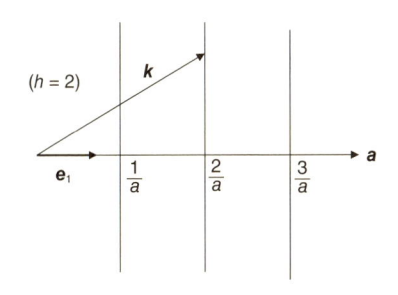

図 4.5　$k \cdot e_1 = h/a$ を満たす k ベクトル

第 4 章　X 線と電子線による結晶構造解析

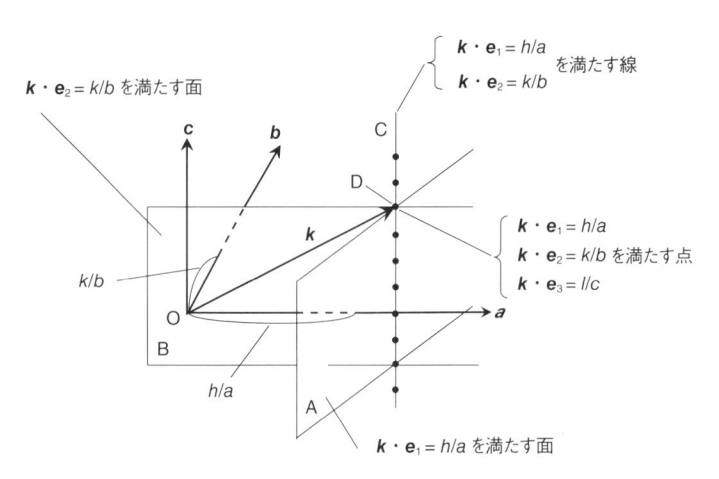

図 4.6　ラウエの条件を満たす $\boldsymbol{k}$ ベクトルの幾何学的意味

の基本となる格子の 3 辺を構成するベクトルを逆格子の単位格子ベクトルといい，実格子の単位格子ベクトル $\boldsymbol{a}$, $\boldsymbol{b}$, $\boldsymbol{c}$ に対応して $\boldsymbol{a}^*$, $\boldsymbol{b}^*$, $\boldsymbol{c}^*$ と表す．逆格子の単位格子ベクトルは，実格子の単位格子ベクトルを用いて，以下のように表すことができる．

$$\begin{aligned}\boldsymbol{a}^* &= \frac{\boldsymbol{b} \times \boldsymbol{c}}{V} \\ \boldsymbol{b}^* &= \frac{\boldsymbol{c} \times \boldsymbol{a}}{V} \\ \boldsymbol{c}^* &= \frac{\boldsymbol{a} \times \boldsymbol{b}}{V}\end{aligned} \quad (4.7)$$

ただし，× はベクトルの外積，V は単位格子の体積を表す．

上式は，$\boldsymbol{a}^*$, $\boldsymbol{b}^*$, $\boldsymbol{c}^*$ がそれぞれ $\boldsymbol{b}$ と $\boldsymbol{c}$, $\boldsymbol{c}$ と $\boldsymbol{a}$, $\boldsymbol{a}$ と $\boldsymbol{b}$ に垂直であり（図 4.7），たとえば $\boldsymbol{a}^*$ の a 軸への投影成分は $1/a$ であることから，実格子と逆格子の単位格子ベクトル間の内積には次の関係が成り立つので，それらから容易に導くことができる．

$$\begin{aligned}\boldsymbol{a} \cdot \boldsymbol{a}^* &= 1, \ \boldsymbol{a} \cdot \boldsymbol{b}^* = 0, \ \boldsymbol{a} \cdot \boldsymbol{c}^* = 0 \\ \boldsymbol{b} \cdot \boldsymbol{a}^* &= 0, \ \boldsymbol{b} \cdot \boldsymbol{b}^* = 1, \ \boldsymbol{b} \cdot \boldsymbol{c}^* = 0 \\ \boldsymbol{c} \cdot \boldsymbol{a}^* &= 0, \ \boldsymbol{c} \cdot \boldsymbol{b}^* = 0, \ \boldsymbol{c} \cdot \boldsymbol{c}^* = 1\end{aligned} \quad (4.8)$$

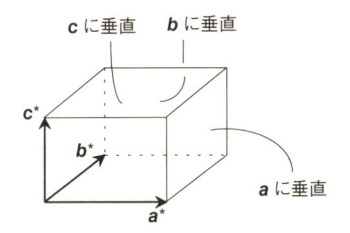

4.2 結晶による X 線と電子線の回折

図 4.7 逆格子の単位格子ベクトル

(4.6) 式のラウエの式の解である k は，逆格子ベクトルを用いれば，

$$k = ha^* + kb^* + lc^* \tag{4.9}$$

であることを意味する．この逆格子ベクトル $r_{hkl}^* = ha^* + kb^* + lc^*$ には，以下の重要な性質がある．

(1) r_{hkl}^* は (hkl) 面に垂直である．
(2) $|r_{hkl}^*| = \dfrac{1}{d_{hkl}}$　　（d_{hkl} は (hkl) 面の面間隔） $\tag{4.10}$

4.2.4　エワルドの反射球

回折条件を幾何学的に理解するうえで重要なものに，エワルドの反射球 (Ewald

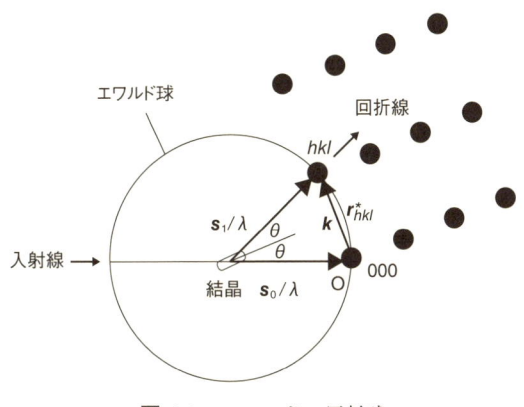

図 4.8　エワルドの反射球

第 4 章　X 線と電子線による結晶構造解析

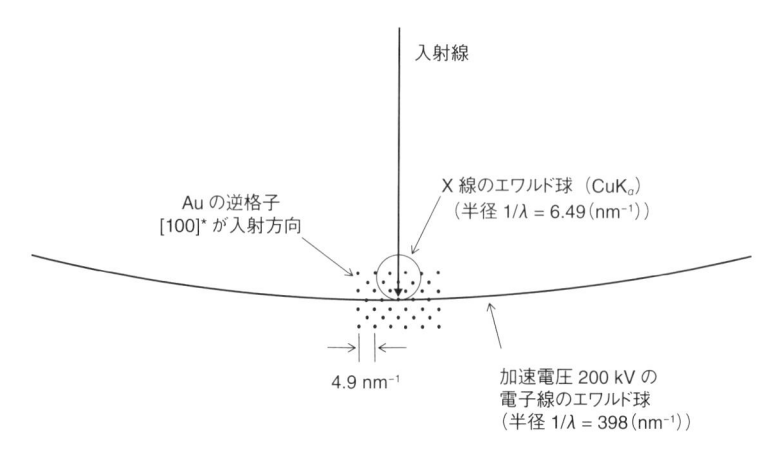

図 4.9　X 線と電子線でのエワルドの反射球の比較

sphere）がある．これはとくに電子線回折を考えるときに有用である．エワルドの反射球とは，図 4.8 にあるように，逆空間上で結晶を中心として半径 $1/\lambda$ で描いた球のことをさす．そこで，左方からの結晶への入射線による回折を考える．ここで，左方からの入射線が結晶を通り抜けてエワルドの反射球を突き抜ける点を O とする．このとき，球の中心にある結晶から球面上の任意の点の方向に出る散乱線を考えると，点 O から球面上のその点に至るベクトルは，先に導入した散乱ベクトル $\boldsymbol{k}$ になる．なぜなら，球の半径が $1/\lambda$ であるためである．つまり，考えられるあらゆる散乱ベクトルは，点 O からこの球面上のいずれかの点に至るベクトルとして表現される．そこで，点 O に逆格子の原点 000 を置くと，$\boldsymbol{k} = \boldsymbol{r}^*_{hkl}$ の回折条件が起きるのは，いずれかの逆格子点がエワルドの球面上にのるときであり，そのとき結晶からその逆格子点の方向に回折線が散乱されることは，容易に理解されよう．

　ただし，X 線と電子線では，逆格子点とエワルドの反射球の交わり方に大きな違いが生じる．単結晶で X 線回折が起きる場合は，エワルド球の半径と逆格子点の間隔はさほど違わないため（図 4.9），いくつもの逆格子点がエワルドの反射球と交わるためには，結晶を揺動させる必要がある．しかし，電子線回折の場合は，X 線に比べて波長が桁違いに短いため，エワルドの反射球の半径がはるかに大きく，逆格子点に対してエワルドの球面はほぼ平面とみなすことが

34

できる．そのため，ある逆格子面が電子線に垂直になるように結晶を傾ければ，その面上の多数の逆格子点が同時にエワルド球に交わるので，結晶を揺動させなくても回折が起きる．その点，粉末 X 線回折の場合は，種々の方位を向いた結晶粒子が多数あるため，各逆格子点が原点 O を中心に球状に分布していることになる．したがって，エワルドの反射球上に常にのる粒子があるので，試料を揺動させなくても粉末結晶から X 線の入射方向の周りに回折角 2θ で円錐状に常に回折線が散乱されることになる．

4.2.5 消滅則と多重回折

上記のように回折条件を満たしても，すべての逆格子点が強度をもつわけではなく，結晶によってはそのもっている対称性により，一部の逆格子点が強度 0 になることがある．このことを**消滅則**（extinction rule）という．消滅則は，4.3.2 項で述べる**結晶構造因子**（crystal structure factor）という逆格子点の強度に関係する因子から，簡単に求めることができる．たとえば，体心格子の場合，ある原子が座標 (x, y, z) にあれば，同じ原子が座標 $(x+1/2, y+1/2, z+1/2)$ にもあるので，結晶構造因子は以下のように整理でき，$h+k+l$ が偶数の指数は強度をもつが，$h+k+l$ が奇数の指数の強度は 0 となる．

$$\begin{aligned}
F(hkl) &= \sum f_n [e^{2\pi i(hxn+kyn+lzn)} + e^{2\pi i\{h(xn+1/2)+k(yn+1/2)+l(zn+1/2)\}}] \\
&= \{1 + e^{\pi i(h+k+l)}\} \sum f_n e^{2\pi i(hxn+kyn+lzn)} \neq 0 \; (h+k+l \text{ が偶数}) \\
&= 0 \; (h+k+l \text{ が奇数})
\end{aligned}$$
(4.11)

この消滅則は，どの h, k, l についても成り立つ．このように，体心，面心，C 面心格子について成り立つ消滅則は"格子タイプの消滅則"といわれ，すべての h, k, l について成り立つ．それに対し，らせん軸，映進面の対称要素がある場合は，特定の h, k, l に対してのみ消滅則が成り立つ．たとえば，さきにあげた空間群 $C2/c$ に見られる b 軸に垂直な c 映進面の場合は，$h, 0, l$ の指数についてのみ消滅則が成り立つ．このように，消滅則は格子タイプとらせん軸または映進面タイプに分けられ，それぞれ以下のような消滅をする．

格子タイプの消滅則（すべての h, k, l について成り立つ）

第 4 章　X 線と電子線による結晶構造解析

体心格子 I：$h+k+l=$ 奇数であると消滅.
面心格子 F：h, k, l のどれか 2 つの和が奇数であると（奇数と偶数が混じると）消滅.
C 面心格子 C：$h+k=$ 奇数であると消滅.

らせん軸または映進面による消滅則（特定の h, k, l についてのみ成り立つ）．たとえば，

b 軸に平行な 2 回らせん軸：$0k0$ の逆格子点で k が奇数であると消滅.
b 軸に垂直な c 映進面：$h0l$ の逆格子点で l が奇数であると消滅.

さらに詳しくは，付録 B を参照されたい．

ところで，これら消滅則で消えるはずの逆格子点が，消えないで出現する場合がある．**二重回折**（double diffraction）とか，**多重回折**（multiple diffraction）とよばれる現象である．X 線回折ではまれにしか起きないが，電子線回折では頻繁に起きる．その理由を説明しよう．図 4.10 に多重回折が起きる様子を示した．図で入射線が結晶に入射し，エワルドの反射球にのる B 点 101 方向に回折を起こしたとする．今，この結晶では，消滅則のため，逆格子点 $00l$ のうち l が

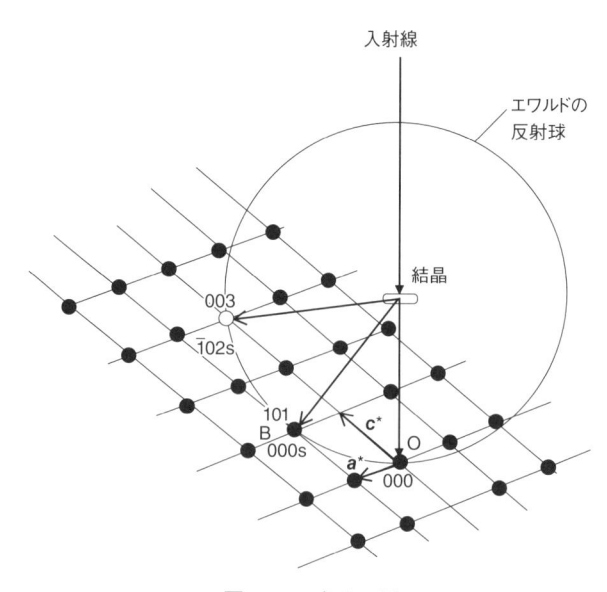

図 4.10　多重回折

奇数の点は消滅するとすると，003 の点はエワルドの反射球上にのってはいるが，消滅則のため出ないはずである．しかし，この 101 方向に回折された波は新たな入射線となって，B 点が新たな逆格子の原点 000s となる．すると，もともとの 逆格子点 003 は，新たな逆格子の原点 000s から見ると $\bar{1}$02s となって，消滅則には該当しないことになる．そこで，エワルドの反射球上にのっているこの点は，回折点 $\bar{1}$02s として出現することになる．こうして本来消滅するはずの 003 が見かけ上現れることになる．これが，多重回折の起きる理由である．

　こうした多重回折が起きるためには，少なくとも 2 つ以上の逆格子点がエワルドの反射球上に同時にのることが必要である．図 4.10 では逆格子点を強調して大きく書いてあるが，X 線回折の場合は，湾曲したエワルドの反射球上に小さな逆格子点が同時に 2 つ以上のることは，めったにない．しかし，電子線回折では，逆格子点に対してエワルドの反射球はほぼ平面になるので，ある逆格子面が入射電子線に対して垂直に近い方位のときは，原点近くで多くの逆格子点が反射球上に同時にのる．そのため，多重回折がごく普通に起きる．したがって，電子線回折では，多重回折によって消滅すべき点が現れてないかどうか，常に気をつける必要がある．電子線回折で，ある点が消滅則で消えるべき点かどうかのチェックは，問題の逆格子点をエワルドの反射球上にのせつつ，多重回折を起こしている逆格子点（図 4.10 の B 点）がエワルドの反射球上からはずれるよう，結晶を傾けてやればよい．もし，消滅則で消える逆格子点なら，結晶の傾斜とともに強度が急速に弱くなるはずである．なお，消滅則で消えるはずの点が多重回折で現れるのは，らせん軸や映進面による消滅則の場合であって，格子タイプの消滅則で消える逆格子点は，多重回折で現れることはない．なぜなら，格子タイプの場合は，すべての逆格子点が同じ格子タイプ上にあるので，原点 000 が別の点に移ったところで，その新たな原点から見た逆格子点は，やはり同じ格子タイプの点となるからである．

4.3　X線と電子線による結晶構造の解明

4.3.1　点群，空間群，格子定数の決定

　結晶構造を決めるにあたっては，まず結晶の点群，空間群および格子定数を

決めなければならない．それらの決定には，以下に述べるように，X線あるいは電子線による結晶の回折データが用いられる．

(1) 点群または晶系の決定：X線，電子線による回折点の強度分布の対称性による．ただし，対称心の有無は，別途判定する．
(2) 空間群の決定：(1)とX線，電子線による回折点の消滅則による．
(3) 格子定数の決定：X線による回折点の角度（原点からの距離）による．

このうち，(3)の格子定数の決定は，もっぱらX線により行われている．その理由は，X線のほうが回折点の位置がはるかに精度よく得られるからである．しかし，(1)と(2)については，X線，電子線のどちらもよく使われる．

(1)の点群の決定については，まず結晶が7つの晶系のうちのどれに属するかを調べることから始める．そのためには，粉末試料ならその回折パターンについて，どう指数付けができるかで晶系を検討する．単結晶の回折パターンの場合は，実格子の点群の対称性が逆格子点の位置と強度に反映されるので，逆格子点の対称性を読み取ることで，点群の情報が得られる．ただし，実格子に対称心があるなしにかかわらず，逆格子パターンは常に対称心をもつ（**フリーデル則**（Friedel's law））ので，対称心の有無は別途調べなければならない．32の点群のうちで回折パターンとして観察される対称心をもつ点群を，**ラウエ群**（Laue group）という（表3.1参照）．実はX線では粉末パターンしか得られない粉末試料の場合でも，電子顕微鏡下での電子線回折では，ほとんどの場合，単結晶パターンが得られるので，X線回折で晶系や格子定数を決めるのが困難な場合でも，電子線回折によってそれらが決められる場合が多い．

(2)の空間群の決定には，消滅則が用いられる．各晶系ごとにどのような消滅則があるとどの空間群に属するかの分類表が出来ているので（付表1），それに従えば1ないし2, 3個の可能な空間群の候補に絞ることができる．

4.3.2　X線による結晶構造解析

単位格子内のどこにどの原子があるかという結晶構造の解析には，もっぱら回折X線の強度が用いられる．その理由は，電子線の場合は結晶内で何回も回折を起こす（多重回折）ので，回折点の強度計算が簡単でないからである．回折X線の強度を用いて原子位置などを決める方法の詳細については本書の範囲を超えるので，それらは専門書に譲るとして，ここでは概要だけ説明しておこう．

4.3 X線と電子線による結晶構造の解明

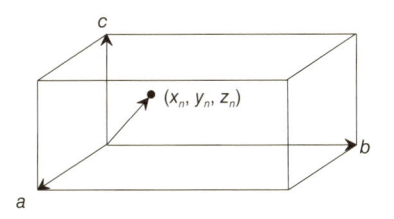

図 4.11 単位格子内の原子の座標

X線結晶構造解析には，基礎方程式として，以下の3式が用いられる．

$$|F(hkl)|^2 \propto I(hkl) \tag{4.12}$$

$$F(hkl) = \sum_{n=1}^{N} f_n \, e^{2\pi i(hx_n + ky_n + lz_n)} \tag{4.13}$$

$$\rho(x,y,z) = \frac{1}{V} \sum_{h}\sum_{k}\sum_{l} F(hkl) \, e^{-2\pi i(hx + ky + lz)} \tag{4.14}$$

(V は単位格子の体積)

上式で，$F(hkl)$ は結晶構造因子とよばれ，単位格子内のすべての原子について，(4.13) 式の右辺の項を足し合わせたものである．ここで，f_n は n 番目の原子の X 線散乱能（X 線を散乱する能力），e の指数部分にある x_n, y_n, z_n は図 4.11 にあるように，単位格子内の n 番目の原子の座標（軸長を1とする）であり，結晶構造因子はまさに結晶構造を体現する値（複素数）である．(4.12) 式の $I(hkl)$ は逆格子点 hkl の回折強度を表し，(4.12) 式は回折点の強度が結晶構造因子の大きさの2乗に比例することを意味する．(4.14) 式の $\rho(x,y,z)$ は単位格子内の任意の位置 (x,y,z) における電子密度で，(4.14) 式は電子密度 $\rho(x,y,z)$ が式の右辺の項をすべての h, k, l について足し合わせたものに等しいことを意味する．こうみると，実験で測定した回折強度から $F(hkl)$ を求め，(4.14) 式により任意の位置の電子密度 $\rho(x,y,z)$ を計算することで，単位格子内の原子の位置がすぐに得られるように思うかもしれない．しかし，$F(hkl)$ は複素数であり，実験からは $F(hkl)$ の大きさ（振幅）は得られても，位相を含めた $F(hkl)$ そのものの値は得られない．ここに，"位相問題"といわれる構造解析の困難さがあり，この関門を通り抜けるための位相を求めるいろいろな計算

第 4 章　X 線と電子線による結晶構造解析

法が開発されている.

位相を決める解法のひとつに，**直接法**（direct method）というものがある. この方法は，近似的な結晶構造の予備知識なしに，強度の強いいくつかの回折点について位相を仮定することから出発し，矛盾のない結晶構造が得られるまで数学的な取扱いに基づく計算を繰り返すものである. 膨大な計算を必要とし，必ずしも正しい結晶構造が得られるとはかぎらないが，計算機の飛躍的な発展に伴って発展している方法である. こうして正しい結晶構造が得られれば，あとは X 線強度データに基づいて，非線形最小二乗法により，正確な原子の位置や熱振動の程度を得ることができる. 今日では精度のよい X 線強度データがあれば，原子の位置を 0.001 Å の精度で求めることもさほど難しいことではない.

単結晶 X 線結晶構造解析では，上記で精密な構造解析ができた場合，**差の合成**（difference synthesis）とよばれる方法でさらなる情報を得ることができる. これにより，原子核の周りの非対称な電子分布や，結晶構造中の水素原子の位置などを求めることができる. この方法では，(4.14) 式を用いて，観測された電子密度と計算のモデルに基づく電子密度との差に着目する. すなわち，(4.14) 式の結晶構造因子 $F(hkl)$ として，実験から得られた結晶構造因子の振幅 $|F_{\text{obs}}(hkl)|$ に計算で得られた位相部分 $e^{i\alpha}$ をかけたものを用い，その結果得られた電子密度を $\rho_{\text{obs}}(x,y,z)$ とする. 一方，計算のモデルに基づく結晶構造因子 $F_{\text{calc}}(hkl)$ で得られた電子密度を $\rho_{\text{calc}}(x,y,z)$ とする. すると，両者の差 $\rho_{\text{obs}}(x,y,z) - \rho_{\text{calc}}(x,y,z) = \Delta\rho(x,y,z)$ は以下の式で表されるが，

$$\Delta\rho(x,y,z) = \frac{1}{V} \sum_h \sum_k \sum_l \{|F_{\text{obs}}(hkl)| e^{i\alpha} - F_{\text{calc}}(hkl)\} e^{-2\pi i(hx+ky+lz)}$$

(4.15)

この計算値には，観測されている電子密度と結晶構造因子の計算のモデルの電子密度の差が正または負の値として出てくる. 図 4.12 と 4.13 は，そうした例を示す. 図 4.12 は Ni–ケイ酸塩スピネル（γ–Ni_2SiO_4）の例で，この場合 Ni^{2+} は結晶場分裂（9.4 節参照）により 3d 軌道が分裂し，8 個の 3d 電子のうち，6 個が 〈111〉方向に軌道の偏りをもち，エネルギーの低い t_{2g} 軌道を全部占める. したがって，電子密度は 〈111〉方向に偏る. そこで，球対称な電子密度に基づくモデルで差の合成を計算すると，ニッケルの周りの 〈111〉方向に正の電子密度が出現することになる. 図 4.12 では，ケイ素と酸素原子の間にも電子密度の

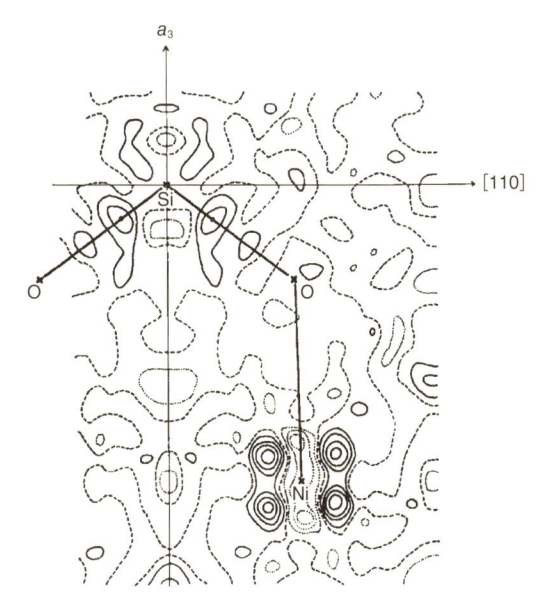

4.3 X線と電子線による結晶構造の解明

図 4.12 Ni–ケイ酸塩スピネルの差フーリエ (Fourier) 図
$y = x$ 面の差フーリエ図で，等高線は $0.2e/\text{Å}^3$ 間隔．破線は 0．点線は負の等高線を表す．
(Marumo et al., 1974)

高まり（Si–O 共有結合の反映か）が認められる．また図 4.13 は，天然の高圧起源クリノヒューマイト $(\text{Mg, Fe, Ti})_9(\text{SiO}_4)_4(\text{OH, O})_2$ の水素位置を示す差の合成図である．原子の X 線散乱能は原子番号が大きいほど大きいので，一般に水素の位置を X 線強度に対する最小二乗法で決めるのは，きわめて困難である．しかし，水素を除く原子の位置が精度よく決まった場合は，計算のモデルに水素を入れないことで，差の合成により水素の位置を決めることが可能である．図 4.13 の場合は，最小二乗法による単結晶構造解析の R 因子が 2% 台に収まったため，差の合成で水素の位置を決めることができた．

4.3.3 透過電子顕微鏡による微細組織・構造の観察

4.1 節で述べたように，**透過電子顕微鏡**（transmission electron microscope，以下透過電顕とよぶ）は X 線と同様に物質の回折パターンを提供してくれるが，同時に低倍から高倍の透過像も提供してくれる．とくに，X 線では得られない

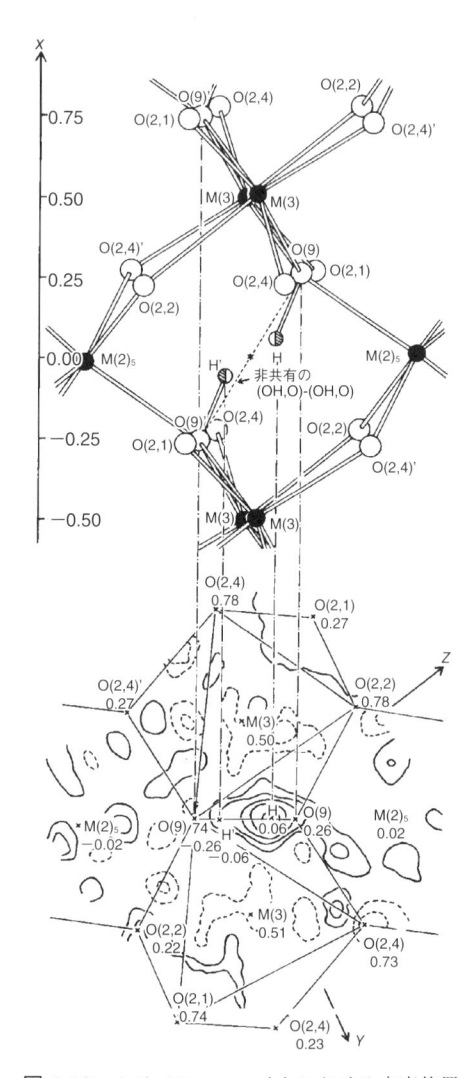

第4章 X線と電子線による結晶構造解析

図 4.13 クリノヒューマイトにおける水素位置

下図は，O(9) そばの水素位置を通る差フーリエ図（(100)面に平行，これは単斜晶系で a 軸が対称軸）．等高線は，$0.1e/\text{Å}^3$ 間隔．破線は，負の等高線．上図は，a 軸に垂直な方向から見た構造図．（Fujino and Takeuchi (1978) を改変）

4.3 X線と電子線による結晶構造の解明

局所的な微細組織・構造を見ることができるのは，透過電顕の大きな利点である．そうした特徴から，透過電顕は鉱物の欠陥構造などを調べるのに，たいへん役に立つ．以下，結晶中の代表的な欠陥構造について説明するとともに，それらのいくつかについて，透過電顕でどのように見えるか見てみよう．

結晶中の欠陥としては，欠陥の形状によりそれぞれ点状，線状，および面状の3種類の欠陥がある．

Ⓐ 点欠陥

点欠陥（point defect, 図 4.14）としては，本来の原子位置に原子がない**空孔**（vacancy），本来の原子位置でない場所を原子が占める格子間原子，異なる原子が本来の原子位置を占める置換型異種原子などがある．イオン結晶では，それらの組合せとして，陽イオンと陰イオンが相伴って空孔をつくる**ショットキー欠陥**（Schottky defect）や，原子位置を抜け出て空孔をつくった陽イオンが格子間位置を占める**フレンケル欠陥**（Frenkel defect）などがある．

Ⓑ 線欠陥

線欠陥（line defect）としては，**転位**（dislocation）が典型的である．転位は，結晶にかかる非静水圧的な力（差応力という）によってできる格子の乱れである（図 4.15）．図 4.15 で，結晶の上面には右奥に向かう力が加わり，下面にはそれと逆に左手前に向かう力が加わって，結晶中で ABC 面の上部が AB および BC の線を終点として，右奥側に単位格子1つ分ずれたとする．このとき，AB 線お

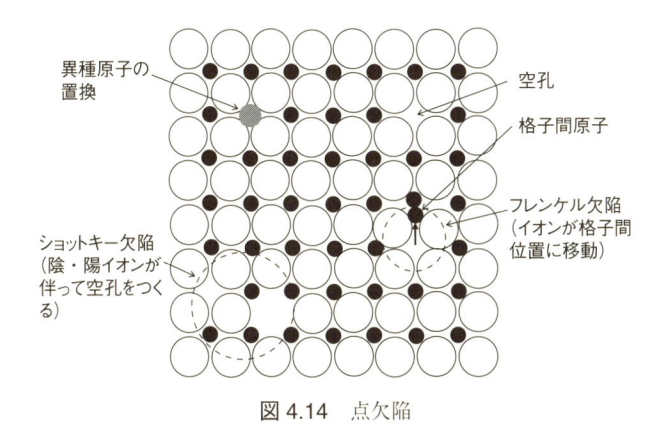

図 4.14　点欠陥

第 4 章　X 線と電子線による結晶構造解析

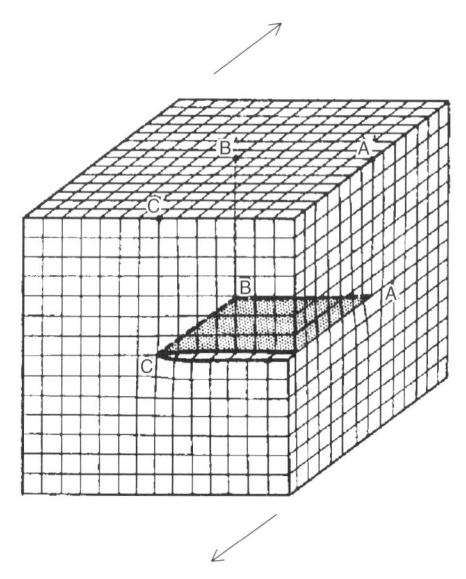

図 4.15　転位の模式図
AB が刃状転位，BC がらせん転位．（鈴木，1985）

およびBC線が転位となる．AB線は，結晶中に余分にはいった格子面の端とみることができるので刃状転位といい，BC線はその周りにひと回りするとBC方向に格子が1つずれるのでらせん転位という．転位線の周りにひと回りしたときの格子のずれを**バーガースベクトル**（Burgers vector）という．バーガースベクトルは，結晶の並進格子ベクトルに等しい．こうした転位を完全転位といい，完全転位が2本以上に分裂して，それぞれのバーガースベクトルが並進格子ベクトルの非整数倍になったものを不完全転位または**部分転位**（partial dislocation）という．図 4.16 には，透過電顕によるワズレーアイト（β-$(Mg, Fe)_2SiO_4$）（9.3 節参照）中の転位の像を示す．詳細は専門書に譲るが，図で**明視野像**（bright-field image）というのは直進する波（000）で結んだ像，**暗視野像**（dark-field image）はある特定の回折波で描いた像，**ウイークビーム**（weak beam）の暗視野像というのは回折波の回折条件を少し緩めて結んだ像である．いずれも同じ場所であるが，観察法により見え方が異なる．最近は，転位線がシャープに見えるウイークビーム法が，転位の解析によく使われる．また，図 4.17 には，高分解能

4.3 X線と電子線による結晶構造の解明

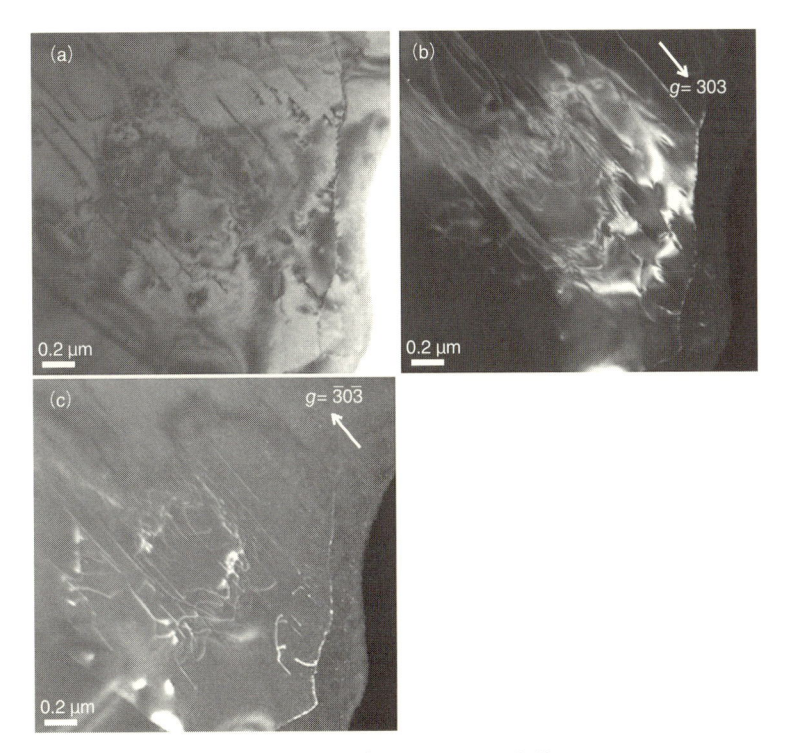

図 4.16 ワズレーアイト中の転位
変形したワズレーアイト（Ohuchi et al., 2014）中の転位．いずれも同じ場所．(a) 明視野像，(b) $g=303$ の暗視野像，(c) ウイークビームによる $g=\overline{3}0\overline{3}$ の暗視野像．g は像の観察に用いた反射の指数．矢印はそれぞれの像を見るために用いた反射の逆格子ベクトルを表す．

像でみたオリビン（$\alpha-(Mg, Fe)_2SiO_4$）中の転位の分裂の様子を示す．この図の縦横の縞模様は格子縞とよばれるが，これらは直進する波とある特定の回折波 (h, k, l) の干渉縞に相当し，縞の間隔は (h, k, l) 面の面間隔となる．結晶中の局所的な格子面を見ていると考えてよい．一般に，転位の分裂は，バーガースベクトルが大きく，また分裂した部分転位の間の積層欠陥のエネルギーが低いエネルギーをもつ場合に起きる．バーガースベクトルが大きいことの理由は，転位のもつ弾性エネルギーは，バーガースベクトルの大きさの2乗に比例するので，より小さなバーガースベクトルの転位に分かれることにより，エネルギーを下げようとするためである．

第 4 章　X 線と電子線による結晶構造解析

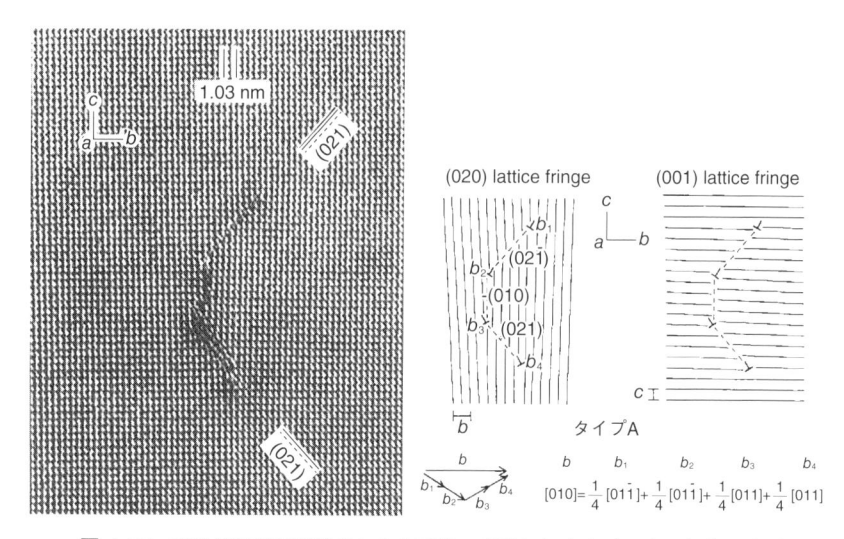

図 4.17　高分解能電子顕微鏡による天然の変形したオリビン中の転位の分裂
紙面に垂直なバーガースベクトル=[010] の転位が，4つの部分転位に分裂している．右の図は，格子縞が転位の近くでどうずれているかを模式的に示している．（Fujino et al., 1993）

C　面欠陥

面欠陥（planar defect）としては，**積層欠陥**（stacking fault），**双晶面**（twin plane），**反位相境界**（anti-phase boundary：APB）など，多種の欠陥がある．積層欠陥は，結晶中の積み重なり構造の乱れである．図 4.18 に示すのは，変形により直方（斜方）エンスタタイト（$(Mg, Fe)SiO_3$）から相転移した単斜エンスタタイト中に見られる積層欠陥である．図では，積層欠陥の端に部分転位が見られる．双晶面または**双晶**（twin）は，鉱物によく見られる構造なので，少し詳しく見てみよう．双晶とは，同一の鉱物の単結晶が 2 つ以上集まって，ある結晶学的な方向に従って接合したものである．双晶がある軸の周りの回転によって関係づけられるとき，その軸を双晶軸という（図 4.19a）．また，双晶がある面に関して鏡映の関係にあるとき，その面を双晶面という（図 4.19b）．対称心をもつ結晶の双晶は，図 4.19 に示すように，双晶軸で表すことも，双晶面で表すこともできるが，対称心のない結晶の右手系と左手系の関係にある双晶（たとえば低温石英など）は，双晶面で表すしかない．双晶面とはこのように，2 つの結晶個体を関係づける対称操作の面であり，双晶関係にある結晶個体が実

4.3　X線と電子線による結晶構造の解明

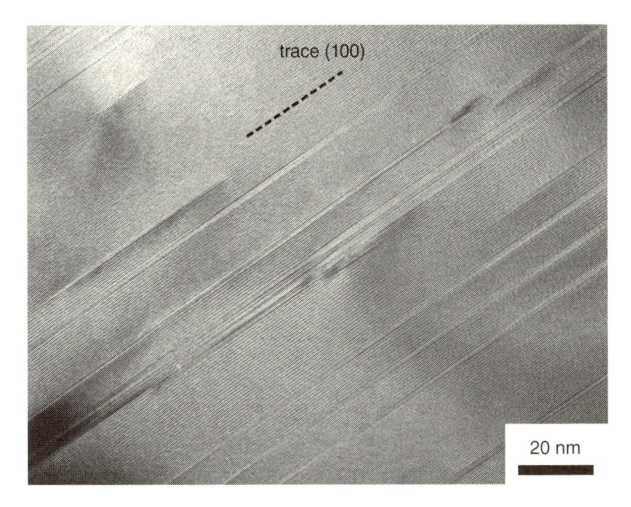

図 4.18　変形により転移した単斜エンスタタイト（(Mg, Fe)SiO$_3$）中の積層欠陥
積層欠陥は（100）面に平行で，端に部分転位をもつ．（Ohuchi *et al.*, 2010）

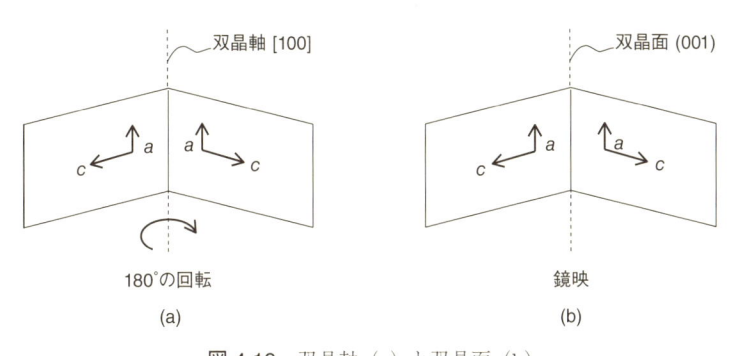

図 4.19　双晶軸（a）と双晶面（b）

際に接合している面は，**接合面**（composition plane）という．接合面は，必ずしも双晶面とは限らない．双晶ができるおもな原因は，結晶成長，相転移（9.1節参照），変形などである．

最後に，やや特異的な面欠陥である反位相境界について説明しよう．反位相境界は，温度の低下などによって対称性の低い相に相転移する際に，基本単位格子の大きさがもとの整数倍になるときにできる結晶内の乱れの境界である．図4.20 は，高温で直方（斜方）の底面心格子の結晶が低温で直方（斜方）単純格

47

第 4 章　X 線と電子線による結晶構造解析

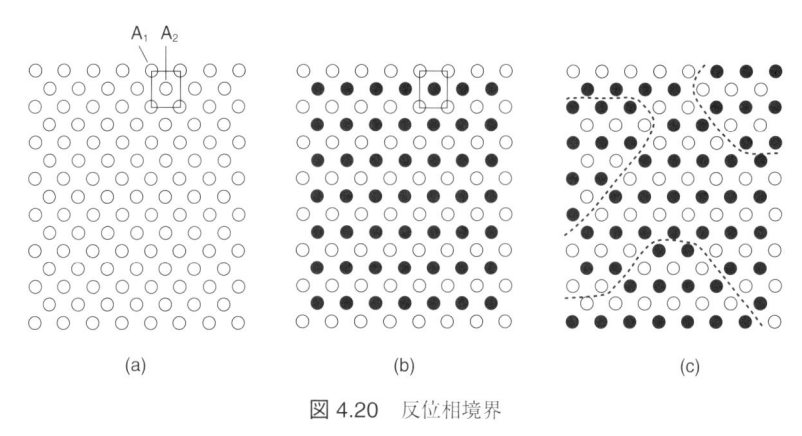

図 4.20　反位相境界

(a) 高温相（直方（斜方）底面心格子），(b) 低温相（直方（斜方）単純格子）反位相境界なし，(c) 低温相（直方（斜方）単純格子）反位相境界 (点線) あり．

子に相転移するときに，結晶内に反位相境界ができる様子を示したものである．図 4.20a は高温相の直方（斜方）底面心格子で，図の長方形で示した単位格子は頂点（A_1）と底面心（A_2）の位置に等価な格子点をもつ．これが温度の低下で A_2 の位置が A_1 と等価でなくなり，直方（斜方）単純格子に相転移するとする．もしこのとき，図 4.20b に示すように，結晶中のすべての A_1 が低温相の格子点になるなら，結晶中に反位相境界は生じない．しかし，もともと A_1 と A_2 は等価なので，どちらが新たな低温相の格子点になってもよいはずである．もし高温相の隣り合わせていた A_1 と A_2 で，図 4.20c に示すように片方が A_1 を低温相の格子点とし，他方が A_2 を低温相の格子点にしたとすると，そこでそれぞれの低温相の格子の周期は半分ずれることになる．これが反位相境界である．今の場合，直方（斜方）底面心格子が直方（斜方）単純格子になるので，相転移に際し基準単位格子の大きさは 2 倍になる．反位相境界は，通常の光学顕微鏡観察では確認することはできず，存在を確認するには透過電顕を必要とする．図 4.21 に，オージャイト輝石（$Ca(Mg, Fe)Si_2O_6$）中に離溶（8.3 節参照）した，ピジョナイト輝石（$(Mg, Fe, Ca)SiO_3$）における反位相境界の透過電顕像を示す．境界部で，格子が互いに (100) 面に関して半分ずれているのがわかるであろう．反位相境界の結晶学的方向は，ピジョナイトの冷却速度と密接な

4.3 X線と電子線による結晶構造の解明

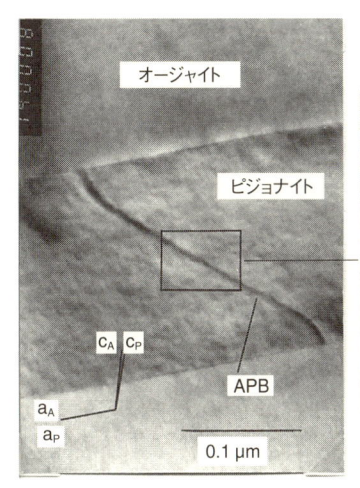

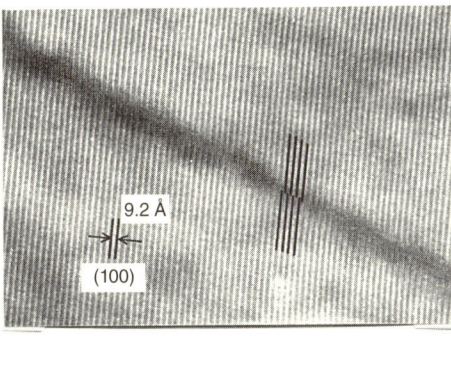

図 4.21 ピジョナイト輝石中の反位相境界（APB）
右の拡大図で，境界で格子縞が（100）面の面間隔の半分だけずれている．（Fujino *et al.*, 1988）

関係がある．双晶が必ずしも相転移の証にはならないのに対し，反位相境界は相転移の確かな証拠となるので，熱履歴などの解析には欠かせない微細組織である．

第5章 スペクトル解析

 X線や電子線回折は，鉱物学あるいは地球惑星科学の分野でかなり古くから用いられてきた手法である．一方，近年地球惑星物質科学分野でよく使われるようになった構造解析法として，種々のスペクトル解析法がある．これらはX線回折あるいは電子顕微鏡では得られない情報を提供してくれる点でたいへん重要である．以下では，それら各種のスペクトル解析法について説明する．

5.1 赤外分光 (infrared spectroscopy)

 物質中の分子は，伸縮と回転運動を行っており，それらは特定のエネルギーレベルをもつ．そのエネルギーレベルの差に相当する光の波長は，赤外線の領域にある．したがってそうした物質に赤外光を当てると，それら伸縮や回転運動のエネルギーレベル差に相当する波長の赤外光の吸収が起きる（図 5.1a）．この赤外吸収スペクトルを検出するのが，赤外分光である．こうしたスペクトルの表示には，単位長さあたりの波の数である波数（cm^{-1}）が用いられる．これら観察された赤外吸収スペクトルの位置や強度によって，物質の同定や伸縮・回転運動を調べることができる．鉱物の場合は，波数約1万から数百 cm^{-1} の赤外線を用いて，分子または原子グループの構造や，H_2O あるいは OH^- の存在を知ることに使われる．図 5.2b は，普通は無水であるワズレーアイト（β–$(Mg, Fe)_2SiO_4$）に水（最大約 3.3wt%）が含まれるときの赤外吸収スペクトルを示す．これらのピークはすべて OH に出来すると考えらる．ワズレーアイトには H_2O 中の

5.1 赤外分光

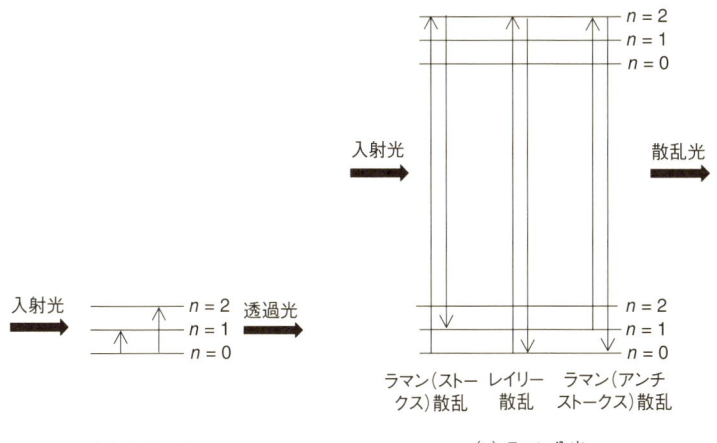

(a) 赤外分光

(b) ラマン分光

図 5.1 赤外分光とラマン分光
n はエネルギー状態を表す指標.

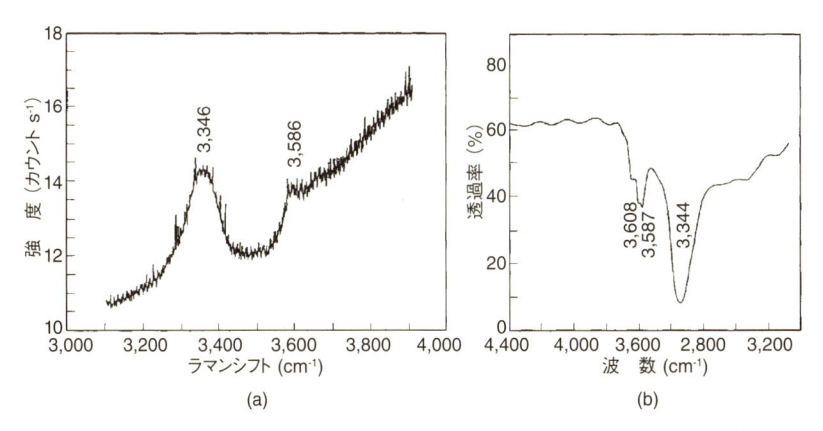

図 5.2 ワズレーアイトのラマンスペクトル（a）と赤外スペクトル（b）
横軸の波数目盛りの大小が，逆向きであることに注意．（Kudoh et al., 1996）

H^+ が $Mg^{2+} \rightarrow 2H^+$ のかたちで入り，この H^+ は結晶中の O^{2-} と結びついて，OH^- として存在すると考えられる（Inoue et al., 1995）．含水，無水を含め，いろいろな鉱物中の OH ピークはおおむねこの波数範囲にあるが，鉱物種によりそれらの位置と強度は異なる．

51

第 5 章　スペクトル解析

5.2　ラマン分光 (Raman spectroscopy)

　赤外分光が入射赤外光による分子の振動や回転のエネルギーレベル間の移動に伴う吸収スペクトルを利用するのに対し，ラマン分光では入射光に対する散乱の際の振動や回転のエネルギーレベル間の移動によるエネルギー変化を利用する．図 5.1b に示すように，振動や回転のエネルギーをもつ分子に光を当てると，分子は一時的にその光のエネルギーに相当する分だけエネルギーの高い

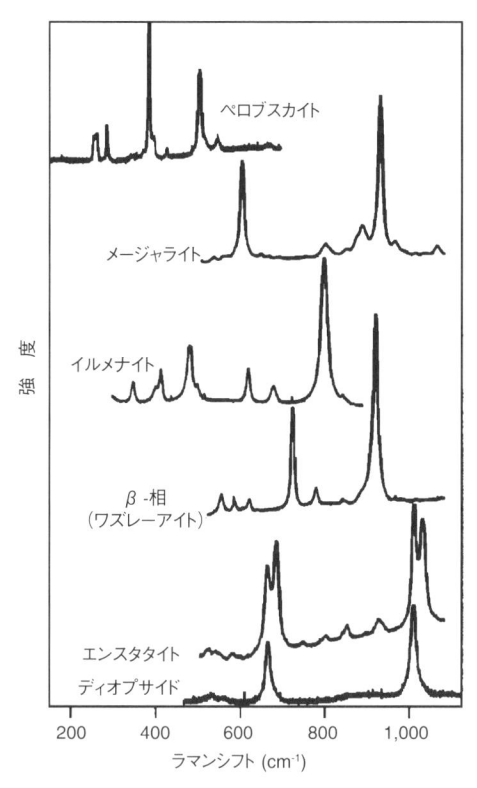

図 5.3　各種ケイ酸塩鉱物のラマンスペクトル
エンスタタイト ((Mg,Fe)SiO$_3$)，ディオプサイド (Ca(Mg,Fe)Si$_2$O$_6$)，ワズレーアイト (β-(Mg,Fe)$_2$SiO$_4$)，ケイ酸塩イルメナイト ((Mg,Fe)SiO$_3$)，メージャライト ((Mg,Fe)$_3$(Mg,Al,Si)$_2$Si$_3$O$_{12}$)，ケイ酸塩ペロブスカイト ((Mg,Fe)SiO$_3$)．(Bertka and Fei, 1997)

状態になる．それが入射光と同じ振動数の光を放って，もとと同じ分子の振動や回転のエネルギーレベルに戻る場合は，光の散乱（**レイリー散乱**（Rayleigh scattering））となる．しかし，もととは違う振動や回転のエネルギーレベルに戻る場合は，散乱される光のエネルギーはもととは違ってくる．これが**ラマン散乱**（Raman scattering）であり，もとの光よりエネルギーの低くなるストークス（Stokes）散乱と，高くなるアンチストークス散乱がある．こうした現象は，どの単色光でも起きるが，ラマン散乱はレイリー散乱に比べて非常に弱いので，ラマン散乱を見るための入射光としてはレーザーのような強い光源が用いられる．一般的なラマン分光では，入射光とストークス散乱のエネルギー差が解析に用いられる．したがって，赤外分光とラマン分光は，同じエネルギーレベルの違いを見ていることになり，同じ物質の赤外スペクトルとラマンスペクトルは同じ波数位置にピークが出る（図5.2）．しかしピーク強度には違いがあり，それぞれ目的に応じて使い分ける必要がある．図5.3に種々のケイ酸塩鉱物のラマンスペクトルを示す．この範囲にあるラマンピークで，高波数領域（500〜1,000 cm^{-1}）のものはSiO_4四面体，低波数領域のものは6配位あるいは8配位のマグネシウム多面体の振動や曲げに由来すると考えられている．

5.3　メスバウアー分光 (Mössbauer spectroscopy)

　メスバウアー分光法は，γ線に対する原子核の共鳴吸収を利用する．従来のメスバウアー分光法では，放射性同位体の線源から出るγ線を試料に当て，そのγ線を共鳴吸収する試料中の元素の原子核のエネルギーレベルを調べる（図5.4）．同じ元素でも放射性同位体と試料中の原子核のエネルギーレベルは同じ

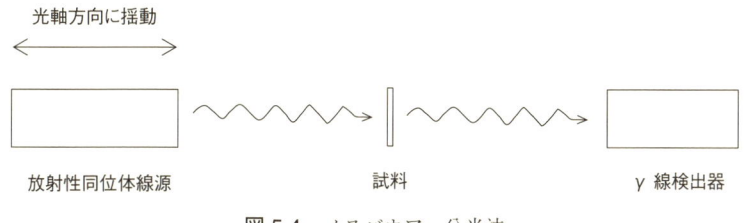

図5.4　メスバウアー分光法

第 5 章　スペクトル解析

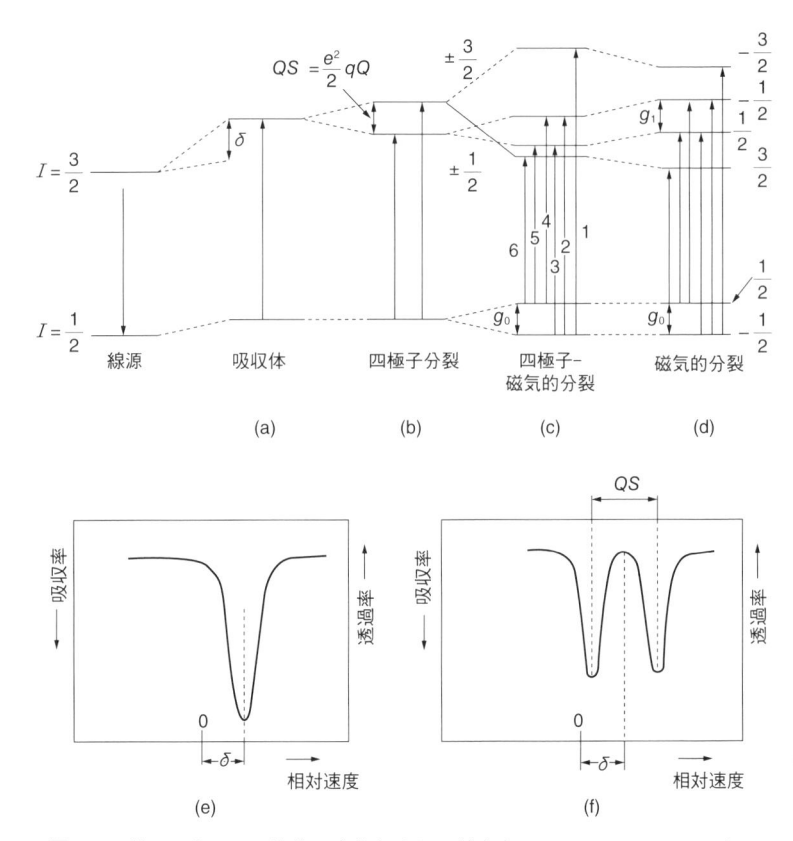

図 5.5　核のエネルギー準位の変化とそれに対応するメスバウアースペクトル (a)～(d) は，それぞれ (e)～(h) に対応する．g_0 および g_1 は，基底状態と第 1 励起状態の磁気的エネルギー分裂を意味している．(佐野，1972)

ではないので，放射性同位体の線源を動かして，そのドップラー (Doppler) 効果により試料に照射する γ 線のエネルギーを変えて，共鳴吸収させる．実験で得られるのは原子核のエネルギーレベルであるが，原子核の周りの電子状態が変わればそれに応じて原子核のエネルギーレベルもわずかに変わるので，試料内の原子の電荷や磁性，配位数などの情報を得ることができる．ただし，線源として利用できる放射性同位体に制約があり，広く使われているのは鉄（線源は ^{57}Co）とスズ（線源は ^{119}Sn）である．

地球惑星科学でよく用いられる鉄（自然鉄に約 2% 含まれる ^{57}Fe）の場合を

5.3 メスバウアー分光

(g)

(h)

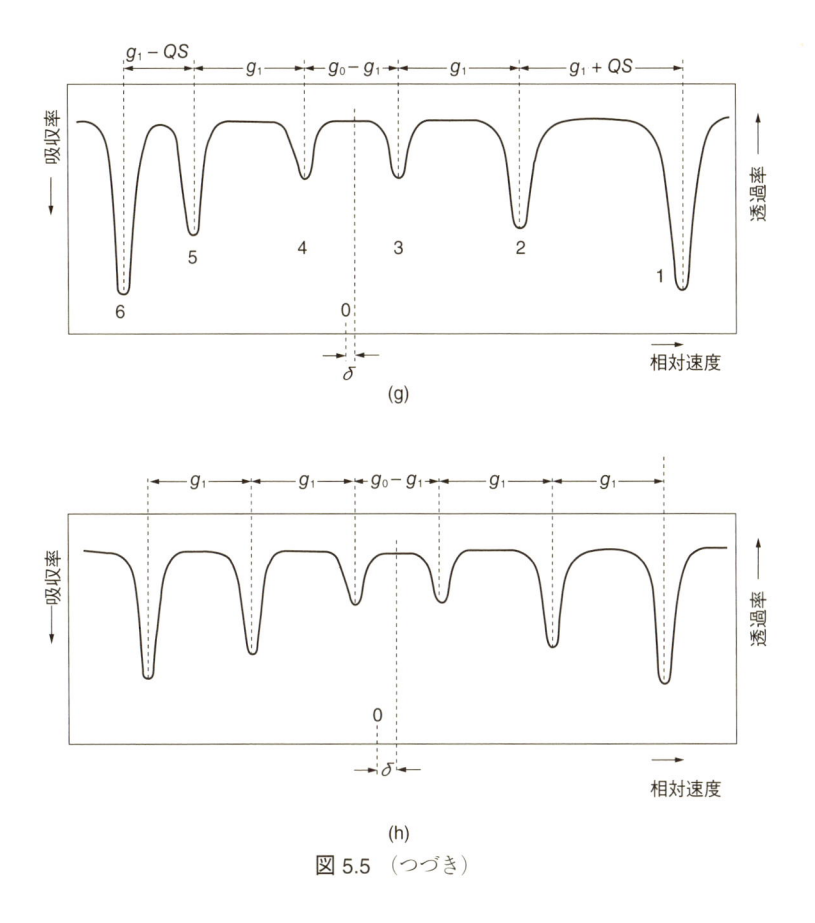

図 5.5 (つづき)

例に，どのような共鳴吸収スペクトルが得られるかを見てみよう．上に述べたように，線源と吸収体の核外電子状態は異なることなどから，線源と吸収体の基底状態と励起状態のエネルギー差も異なる（図 5.5a, e）．このエネルギー差 δ を，**化学シフト**（chemical shift）あるいは異性体シフトという．鉄の化学シフトは，おもに鉄の原子価による．原子核を構成する中性子や陽子は電子と同様にスピン角運動量をもつので，原子核もそれらの合成によるスピン角運動量をもつ．この核のスピン角運動量を決める量子数を核スピン量子数といい，I で表す．鉄の場合は，基底状態が $I=1/2$，励起状態が $I=3/2$ である．励起状態は I が 3/2 で核の電子密度が球対称でなくなるため（電気的四極子），原子核位置で

55

第 5 章 スペクトル解析

の電場勾配によって、その主軸方向へのスピン角運動量成分が ±3/2 と ±1/2 の 2 つのエネルギー準位に分かれる（図 5.5b）。このエネルギーの一分裂を、**四極子分裂**（quadrupole splitting：QS）という。これにより、共鳴吸収スペクトルには、2 本のピークが生じる（図 5.5f）。四極子分裂は、おもに核の位置における電場勾配に関係する。さらに原子核位置に磁場があると、ゼーマン（Zeeman）効果により基底状態は 2 つに、励起状態は 4 つに分裂する（図 5.5c）。ただしエネルギーレベル間の遷移に関する選択律があるため、実際に起きる遷移は図の 6 つに限定され、その結果 6 本のピークが生じる（図 5.5g）。それらのピークの分裂幅から、内部磁場の大きさの情報が得られる。四極子分裂がなく磁場分裂のみの場合は、図 5.5d と h に示すようなエネルギー分裂とピークパターンになる。

こうしたメスバウアー分光法に、最近放射光を利用した大きな進展がみられつつある。それは、放射性同位体の線源を用いなくても、^{57}Fe の共鳴 γ 線のエネルギーである 14.41 keV に相当するような高エネルギーの X 線ビームが放射光で発生できるようになったことによる。ただし、波長の単色化の程度は、放射性同位体に比べてずっとゆるく、核エネルギーレベルの分裂幅に対しては、いわば白色光に近いといってよい。放射光を利用した代表的な分光法として、**核共鳴前方散乱法**（nuclear forward scattering method）と**放射光メスバウアー吸収分光法**（synchrotron Mössbauer absorption spectroscopy）がある。鉄の場合でいうと、核共鳴前方散乱法は、ほぼ 14.41 keV に単色化された放射光を試料に照射したとき、共鳴吸収したのち励起状態から基底状態に遷移するときに入射方向に散乱される放射線を利用する。図 5.6 に、核共鳴ブラッグ（Bragg）反射との比較を示した。これらの散乱光は位相が揃っているため、互いに干渉しあう。励起状態が分裂してないときは、共鳴核が 1 個の場合、散乱光の強度は単純な指数関数で減衰するが、有限の厚さの試料の場合は多くの核があるため多重散乱が起きて、干渉波の強度は図 5.7a に示すような時間変調を示す（ダイナミックビート）。一方、励起状態のエネルギーレベルが分裂しているときは、励起状態から基底状態に落ちるときのわずかなエネルギーの違いによる波の干渉のうねり（量子ビート）が、ダイナミックビートに重なって表れる（図 5.7b）。この量子ビートの周波数（幅）は、励起状態の核の分裂エネルギーの幅によって決まる。そこでこの強度変化をフーリエ（Fourier）変換することにより、通

5.3 メスバウアー分光

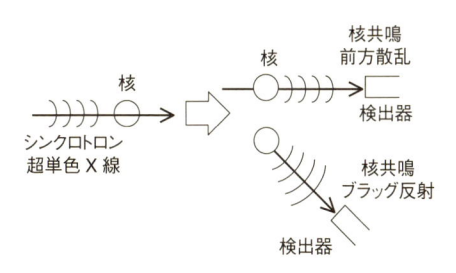

図 5.6 核共鳴前方散乱と核共鳴ブラッグ反射
（野村（2003）を改変）

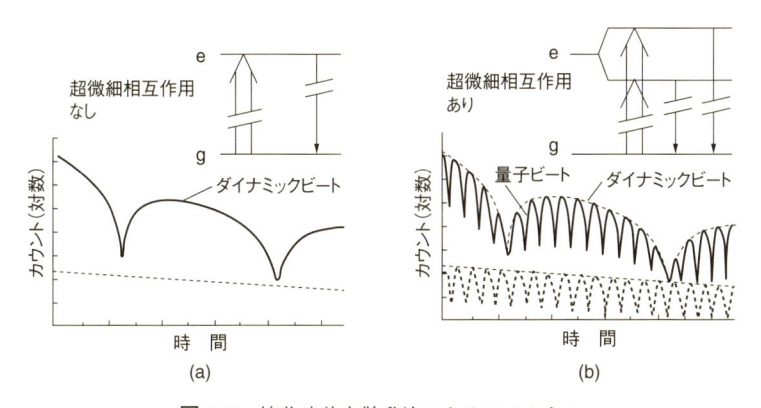

図 5.7 核共鳴前方散乱法によるスペクトル
（a）は核の励起状態 e のエネルギーレベルが分裂しない場合．（b）はエネルギーレベルが分裂する場合．（a）および（b）の下方の点線は1個の核の場合．（野村（2003）を改変）

常のメスバウアー分光に相当するパラメーターを得ることができる．この方法は，高圧下の測定など，微小な試料部分にビームを照射する場合に有効な方法であるが，スペクトル解析の計算が複雑であるなどの難点がある．

一方の放射光メスバウアー吸収分光法（図5.8）では，測定したい元素を含む試料であらかじめ共鳴吸収させた放射光を，その下流で光軸方向に揺動する同じ元素を含む散乱体に照射して，その共鳴吸収後に放出されるX線や電子の強度の揺動速度依存性を調べる．こうして，試料中の元素の原子核による吸収スペクトルを得る（Masuda, et al., 2014）．これにより，従来のメスバウアー法と同じ共鳴吸収スペクトルが得られる．これら放射光を用いたメスバウアー法の

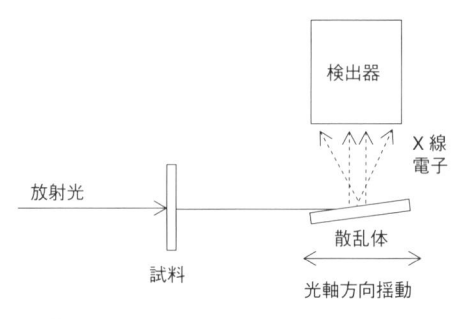

図 5.8 放射光メスバウアー吸収分光法
(Masuda et al., 2014)

大きな利点は，これまでに線源の制約から限られた元素にしか用いられなかったメスバウアー分光法を，多くの元素に適用できる道を拓いた点にある．

5.4　X線発光分光 (X-ray emission spectroscopy)

最近，放射光の光源を利用して，物質の電子状態を調べる方法として注目を集めているのが，X線発光分光法である．この手法は，これまであげた方法で直接調べることのできない物質中の電子のスピン状態などが直接測定できる点に特徴がある．ここではとくに，高圧下の遷移金属元素のスピン状態の測定によく用いられる，K_β-発光分光法について述べる．遷移金属元素を含む試料に放射光X線を照射すると，照射するエネルギーによってX線の吸収が起こり，遷移金属の 1s 電子が弾き飛ばされ，1s 軌道に空位が生じる（図 5.9）．すると，3p 軌道の電子が 1s 軌道に遷移して K_β 線が放出され，3p 軌道に空位が生じる．この 3p 軌道の空位と 3d 電子の相互作用により，3d 電子がスピンをもつ場合は K_β のエネルギーレベルに分裂が起こる．その結果，k_β ピークが低エネルギー側にシフトするとともに，k_β ピークより十数 eV 低いところに別の弱いピーク (k'_β) が生じる．これらのピークの形状から，遷移金属元素のスピン状態がわかる．図 5.10 に，ダイヤモンドアンビルセル（DAC）を用いて，室温で Fe_2O_3 を 79 GPa まで加圧し，その後減圧したときの各圧力における Fe^{3+} のX線発光スペクトルを示す．図から，Fe_2O_3 中の Fe^{3+} が，55 GPa 以上では低スピン（ス

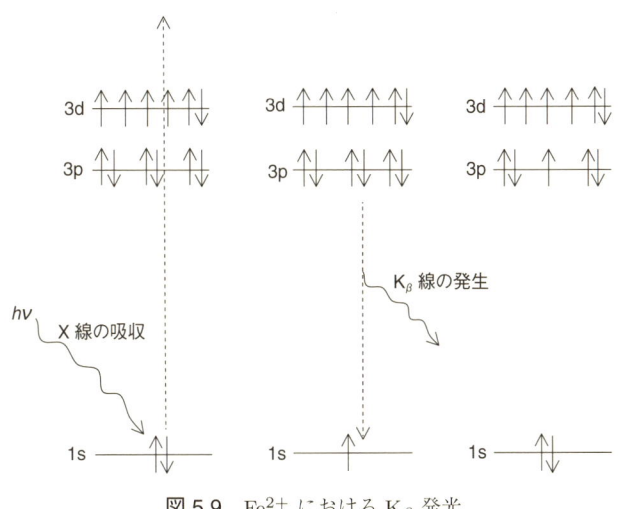

5.4 X線発光分光

図 5.9 Fe^{2+} における K_β 発光

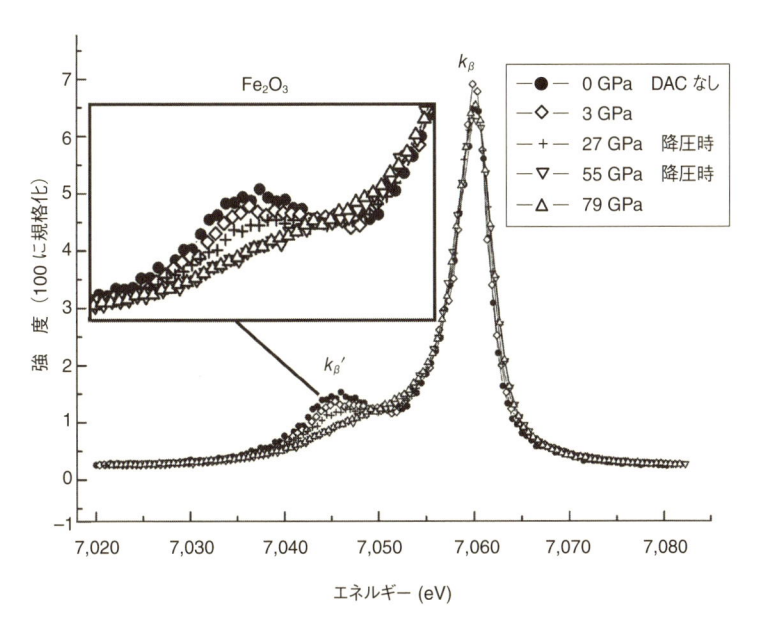

図 5.10 Fe_2O_3 の X 線発光スペクトル
各スペクトルの k_β ピーク位置は，0 GPa のものにそろえている．(Fujino et al., 2012)

ピン数 1/2）であることがわかる．放射光 X 線発光分光法では，X 線ビームをマイクロメートルまで絞り込むことができるので，ダイヤモンドアンビルセルなどを用いて，その場観察による超高圧下でのスピン状態の測定をすることができる．

　そのほか，核スピンによる磁気共鳴で，原子核の位置を知る**核磁気共鳴法**（nuclear magnetic resonance method：NMR）や，電子スピンによる磁気共鳴で，結晶内における結合力の場を知る**電子スピン共鳴法**（electron spin resonance method：ESR）などがある．

第6章 主要鉱物の結晶構造：酸化鉱物，硫化鉱物，ケイ酸塩鉱物

6.1 最密充填構造

　鉱物の結晶構造はさまざまだが，大まかにいうと，原子が密に積み重なった構造を基本にしている場合が多い．それは，金属のようにほぼ同じ大きさの原子からなる場合はもちろんのこと，大きな原子と小さな原子からなる構造の場合も，大きな原子が密に積み重なり，それら大きな原子の隙間に小さな原子が詰まっている場合が多い．そこで，まずは鉱物の結晶構造の骨組みを，同じ大きさの球が密に詰まる構造から考えてみよう．

　同じ大きさの球が最も密に詰まる詰まり方は，3次元では2通りある．それぞれ，**立方最密充填**（cubic closest packing）構造と**六方最密充填**（hexagonal closest packing）構造とよばれる．図6.1にその様子を示す．図で，一番下の層に同じ半径の球を敷き詰める．平面に同じ大きさの球を敷き詰める場合，最も密になる詰め方は，各球の中心が正三角形になる場合である．最も密になるとは，空間に占める各球の体積の割合（充填率）が最も高くなる場合のことである．この一番下の層をAとしよう．そうすると，その上に同じ大きさの球を最も密に敷き詰める方法は，Aの球の隙間のへこみBかCに，Aと同じく正三角形状に並んだ球の層を積み重ねることである．そこで，2番目に積み重ねる層をBとしよう．そうすると，3番目にやはり正三角形状に並んだ層を積み重ねる方法としては，図のCの1つ上の凹みに積み重ねる（この層をCとする）か，あるいはふたたびAの上に積み重ねるかの2通りの方法になる．どちらも，

第 6 章　主要鉱物の結晶構造：酸化鉱物，硫化鉱物，ケイ酸塩鉱物

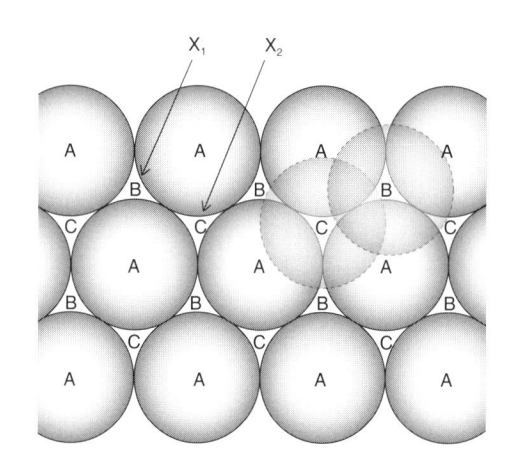

図 6.1　最密充填構造

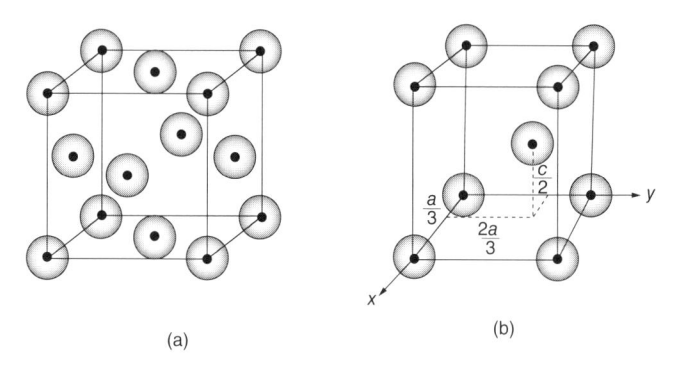

図 6.2　最密充填構造の球がつくる面心立方格子（a）と六方格子（b）

充填率は同じである．前者を繰り返すと層の積み重なりは ABCABC… となり，後者を繰り返せば ABABAB… となる．それぞれの場合，球が面心立方格子または六方格子をつくる．前者を立方最密充填構造，後者を六方最密充填構造という．図 6.2 に，それぞれ最密充填構造の球がつくる格子を示す．

　このとき，最密充填構造の球の隙間には，周りを取り囲む球の数に関して 2 通りの隙間が出来る．図 6.1 でいうと，A の 3 つの球とその中心の凹みの上にくる B の 1 つでできる隙間（X_1）は 4 つの球で囲まれており，また A の 3 つの球とその上の B の 3 つの球とで囲まれた隙間（X_2）は，6 つの球で囲まれた

隙間になる．これら隙間の割合は，球1に対し前者が2，後者が1になる．これらの隙間に小さな原子が入ると，それぞれの原子は，4配位または6配位になる．実際，多くの鉱物の構造は，サイズの大きな酸素あるいは硫黄がこうした最密充填構造またはそれに近い構造をとり，それらの隙間の4配位または6配位位置に小さな陽イオンが入っているとみなすことができる．ただし，6.3節で述べるように，イオン性結晶では陽イオンのサイズが大きくなると，陽イオンの周りの酸素などの陰イオンの配位数は6より大きくなるので，上のスキームは成り立たなくなる．

そこで，イオン性結晶の構造については，一般に次のようにいうことができる．大きな陰イオンと比較的小さな陽イオンの鉱物では，陰イオンは最密充填あるいは近似的に最密充填をし，それらの隙間の4配位または6配位位置に小さな陽イオンが入る構造が多い．しかし，陽イオンが大きくなると，その配位数は6より大きくなるので，陰イオンの積み重なりも最密充填とは違ったものになる．低圧下では，ほぼカルシウムより大きな陽イオンになると，配位数が6より大きくなる傾向がある．一方，同じ原子からなる金属の結晶構造では，金属原子が立方最密充填をしている場合は多いが，もうひとつの最密充填構造である六方最密充填構造をつくる例はそう多くはなく，むしろ最密充填ではない立方体心格子をつくる場合のほうが多い．

以下，酸化鉱物，硫化鉱物，ケイ酸塩鉱物のおもなものについて，原子の充填の仕方（パッキング）に注目しながら，結晶構造を見てみよう．

6.2 酸化鉱物

酸化鉱物とは酸素が陰イオンとなって，陽イオンとイオン結合で結びついた鉱物である．地球惑星科学的に重要な鉱物としては，一酸化物，赤鉄鉱族鉱物，スピネル族鉱物，ペロブスカイト構造鉱物がある．いずれも，酸素が立方最密充填や六方最密充填またはそれに近いパッキングをしている．

6.2.1 ペリクレス構造

多くの一酸化物が NaCl 構造 $Fm\bar{3}m$ を取るが，地球惑星科学で重要なペリクレス（periclase）MgO やウスタイト（wüstite）$Fe_{1-x}O$，MnO，CoO，NiO，

第 6 章　主要鉱物の結晶構造：酸化鉱物，硫化鉱物，ケイ酸塩鉱物

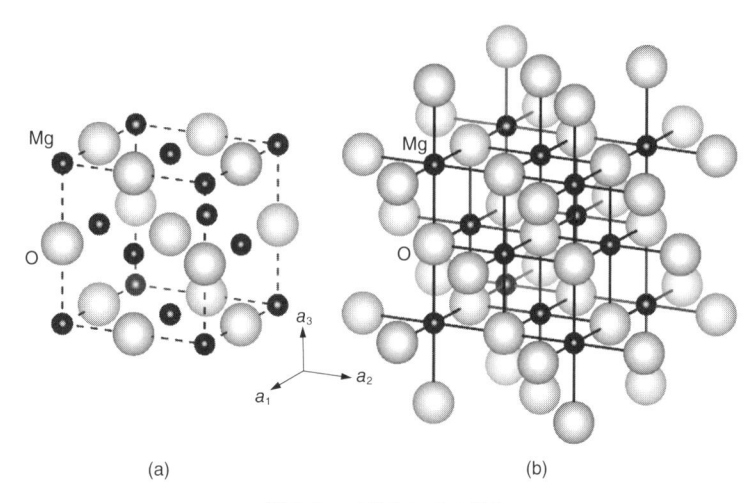

図 6.3　ペリクレスの構造
（a）単位格子とイオンの配置．（b）Mg イオンと O イオンの結合．立方晶，空間群 $Fm3m$, $a=4.211(1)$ Å（常温常圧）（Hazen, 1976）

CaO などもこの構造を取る．ウスタイトは，化学式に見るように，結晶中の鉄（Fe）の位置が $0 \leqq x \leqq 0.25$ の空孔をもつ不定非化合物である．これらの構造では，陽イオン，陰イオンのどちらも，立方面心格子をつくり，立方最密充填配列をしている（図 6.3，以下結晶構造図の作成には，VESTA（Monma and Izumi, 2011）を用いた）．陽イオンは，酸素の隙間のすべての 6 配位位置を占める．ペリクレスとウスタイトの固溶体 $Mg_{1-x}Fe_xO$（$x \approx 0.9$）は下部マントルの主要構成鉱物と考えられる．以前はしばしばマグネシオウスタイト（マグネシウム成分を含むウスタイトの意）と誤った名称でよばれたが，最近はフェロペリクレス（2 価鉄を含むペリクレスの意）の名前が使われるようになった．

6.2.2　コランダム構造

多くの A_2O_3 組成の酸化物が取る構造として，**コランダム**（corundum）構造がある．この構造を取るものとして，コランダム Al_2O_3 と**ヘマタイト**（hematite）Fe_2O_3，それに**イルメナイト**（ilmenite）$FeTiO_3$（いずれも三方晶系）が 3 系列としてよくあげられる．しかし，前二者は空間群 $R\bar{3}c$ を取って同一構造である

6.2 酸化鉱物

図 6.4 コランダム構造

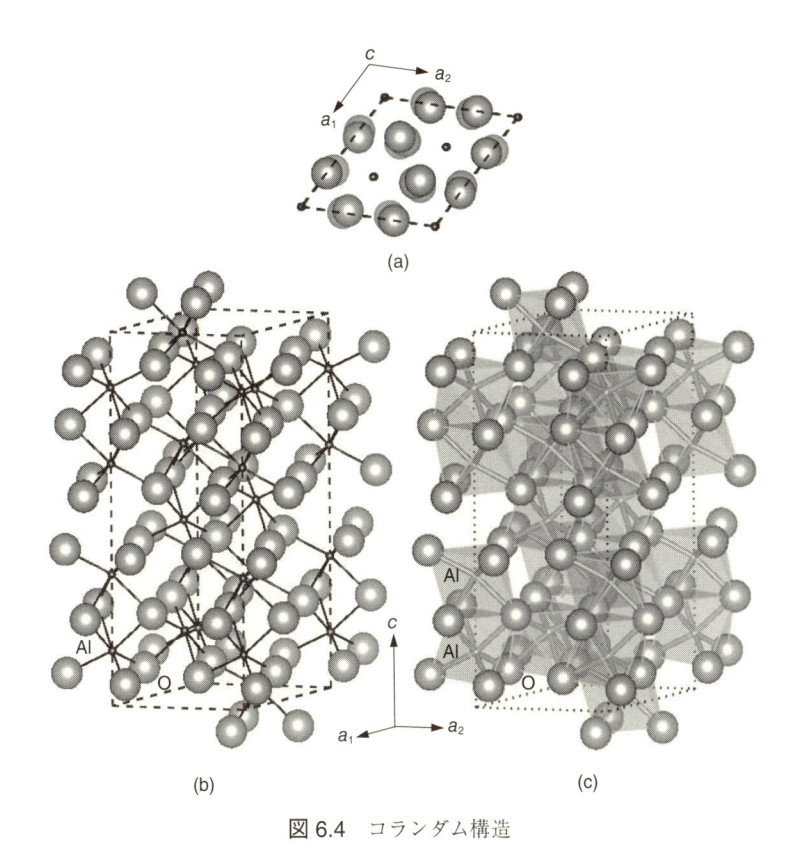

(a) c 軸方向の投影図，(b) 単位格子とイオンの配置，(c) 陽イオンの配位多面体と O イオンとの結合．三方晶，空間群 $R\bar{3}c$, a=4.7602(4), c=12.9933(17) Å（常温常圧）．(Lewis et al. (1982) の構造データをもとに作図)

が，イルメナイトでは鉄とチタン (Ti) が秩序配列をするため，前二者とは異なる空間群 $R\bar{3}$ を取る．これらの構造では，いずれも六方格子表示による c 軸方向に酸素の近似的六方最密充填層が積み重なっており，それら酸素の隙間の 6 配位位置に陽イオンが分布している（図 6.4）．しかし，コランダムとヘマタイトでは，それら 6 配位位置は 1 種類で，そこにそれぞれアルミニウム (Al) または Fe^{3+} が入るのに対し，イルメナイトではこれら 6 配位位置が 2 種類に分かれ，図 6.5 に見るように，Fe^{2+} と Ti の入る層が c 軸方向に 1 つおきに繰

第 6 章 主要鉱物の結晶構造：酸化鉱物，硫化鉱物，ケイ酸塩鉱物

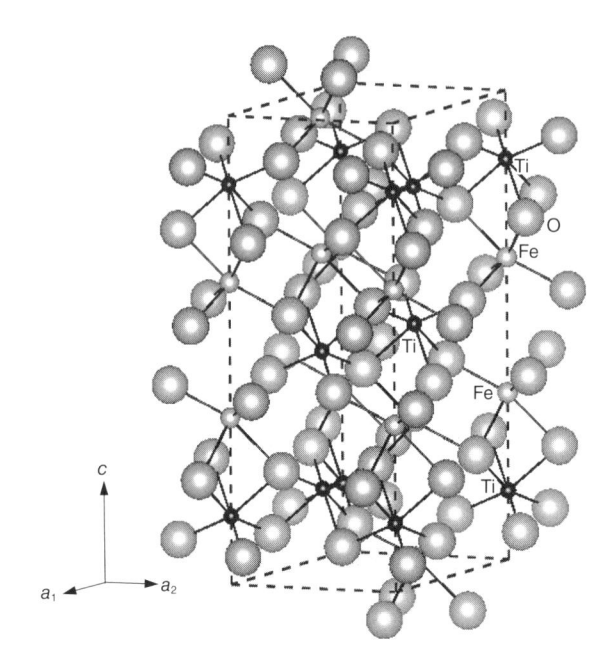

図 6.5 イルメナイト構造

三方晶，空間群 $R\bar{3}$，$a = 5.0875(5)$，$c = 14.0827(7)$ Å（常温常圧）．(Wechsler and Prewitt (1984) の構造データをもとに作図)

り返している．また，図 6.4c の配位多面体の図を見るとわかるように，Al の入る八面体は c 軸にほぼ垂直な面を共有しているが，面の上下の Al は互いに反発を避けるため，八面体の中心よりもそれぞれ上下に偏っている．

6.2.3 スピネル構造

スピネルとは，もともとは狭義のスピネル (spinel) $MgAl_2O_4$ をさすが，多くの MR_2O_4 化合物がスピネルと同一の構造をもつことから，その構造が広く"スピネル構造"として知られるようになった．スピネル構造は，立方晶系に属し，空間群は $Fd\bar{3}m$，Z（単位格子あたりの化学式の数）＝8 である．M にはマグネシウム (Mg)，鉄 (Fe^{2+})，亜鉛 (Zn)，マンガン (Mn)，ニッケル (Ni) などの 2 価陽イオンが該当し，R にはアルミニウム (Al)，鉄 (Fe^{3+})，クロム (Cr) などの 3 価の陽イオンが該当する．地球惑星科学では，R 位置のイオン

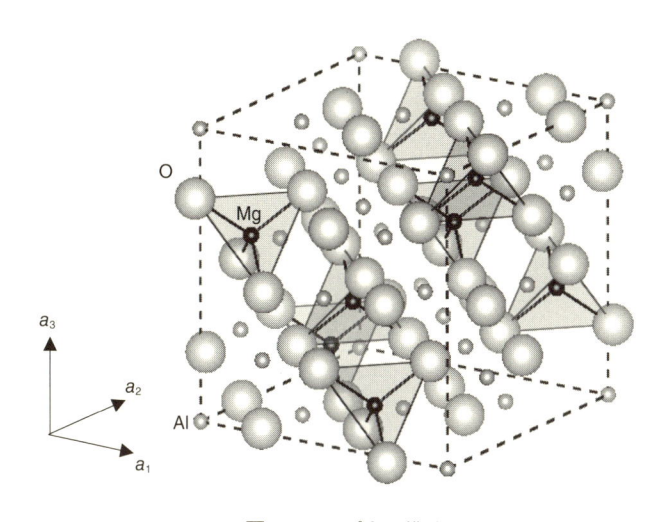

図 6.6 スピネル構造
立方晶,空間群 $Fd3m, a = 8.08435(7)$ Å(常温常圧).(Peterson *et al.* (1991) の構造データをもとに作図)

により,スピネル系列($R = Al^{3+}$),磁鉄鉱系列($R = Fe^{3+}$),クロム鉄鉱系列($R = Cr^{3+}$)の3系列が知られる.

結晶構造は,図 6.6 に見るように,酸素が {111} 方向にほぼ立方最密充填し,その隙間の4配位位置と6配位位置に陽イオンが分布する.各イオンの配位数をイオン記号の左肩にローマ数字で ^{IV}M などと表すと,$^{IV}M^{VI}R_2O_4$ の陽イオン分布をするものを正スピネル,$^{IV}R^{VI}M^{VI}RO_4$ 分布のものを逆スピネルという.地球の上部マントルの主要鉱物であるオリビン α–$(Mg, Fe)_2SiO_4$ は,スピネル構造に似た変形スピネル構造 β–$(Mg, Fe)_2SiO_4$ を経てスピネル構造 γ–$(Mg, Fe)_2SiO_4$ に相転移することが知られている.このケイ酸塩スピネルの陽イオン分布は,ほぼ $^{VI}(Mg, Fe)_2^{IV}SiO_4$ と秩序配列していると考えられている(Hazen *et al.*, 1993).

6.2.4 ペロブスカイト構造

ペロブスカイト(perovskite)とは,もともと $CaTiO_3$ 組成の鉱物名であり,その構造がペロブスカイト構造である.常温,常圧では,直方(斜方)晶系で

第 6 章　主要鉱物の結晶構造：酸化鉱物，硫化鉱物，ケイ酸塩鉱物

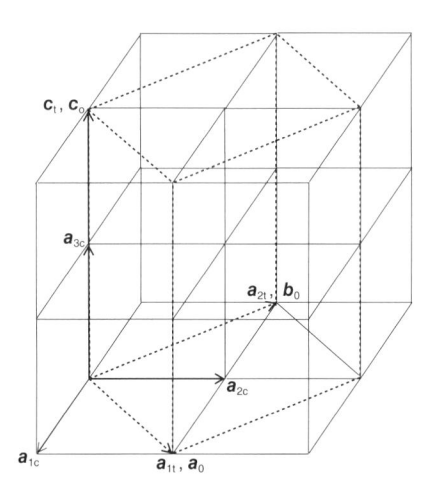

図 6.7　立方晶，正方晶，直方（斜方）晶の各ペロブスカイトの格子関係
$a_{1c}, a_{2c}, a_{3c}; a_{1t}, a_{2t}, c_t; a_o, b_o, c_o$ は，それぞれ立方晶（c），正方晶（t），直方（斜方）晶（o）の単位格子ベクトル．

$Pbnm$ の空間群をもつ．この構造は，$BaTiO_3$ などの誘電体やその他多くの化合物が取ることで知られており，高温超電導物質もある種のペロブスカイト構造を取る．この構造が地球惑星科学で広く知られるようになったのは，後述するように地球の下部マントルの最大構成相がペロブスカイト構造を取ることが知られてからである（Liu, 1974）．ここでは，酸化物のペロブスカイト構造を中心に述べる．

酸化物のペロブスカイト構造は，一般に ABO_3 の化学式で表すことができ，A は 2 価ないし 3 価，B は 3 価ないし 4 価が多い．晶系は，直方（斜方），正方，六方，立方と多岐にわたり，温度や圧力の変化により，これら晶系の間を相転移するものが多い．一般に，立方晶，正方晶，直方（斜方）晶のペロブスカイトの単位格子の関係は，図 6.7 に示すような関係にある．立方晶系ペロブスカイト（空間群 $Pm\bar{3}m$）の構造は，図 6.8 に示すように，A が O とともに立方最密充填構造をつくり，その隙間の 6 配位位置に B が入る．したがって，A は 12 配位となる．しかし，直方（斜方）晶系（空間群 $Pbnm$）では，A サイトは歪んでおり，むしろ 8 配位とみなすべきようになる．B を中心とする八面体は，3 次元的に頂点を共有している．地球の下部マントルを構成するケイ酸塩

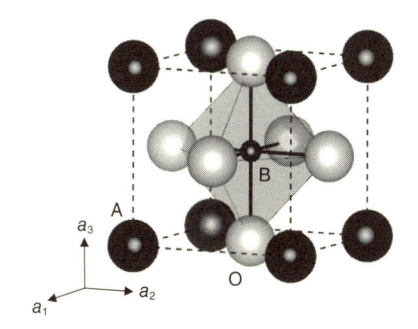

図 6.8 立方晶系 ABO$_3$ ペロブスカイト（$Pm\overline{3}m$）の結晶構造

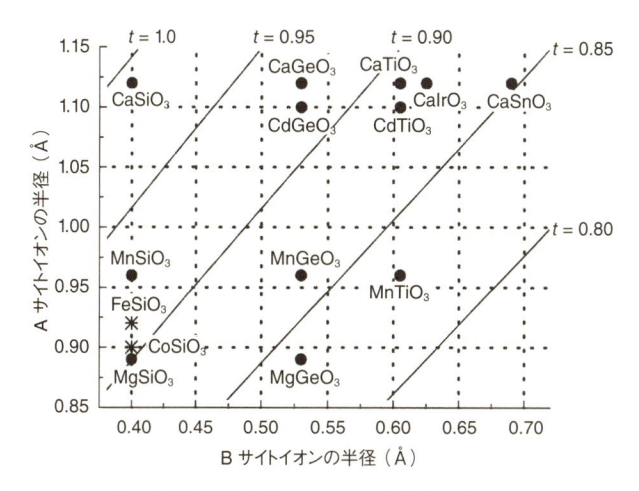

図 6.9 ペロブスカイト構造をもつ ABO$_3$ 化合物のトレランスファクター
黒丸の化合物はペロブスカイト構造をもつ．✳の FeSiO$_3$ と CoSiO$_3$ はもたない．(Fujino et al., 2009)

ペロブスカイトについては，後述の 6.4.4 項で改めて述べる．

ABO$_3$ 化合物が，A と B のイオン半径比によってどのような構造を取るかに関してよく使われるものとして，**トレランスファクター**（tolerance factor）とよばれるものがある．これは，Goldshcmidt（1926）によって提案されたもので，以下のように定義される．

$$t = \frac{r_A + r_O}{\sqrt{2}(r_B + r_O)} \tag{6.1}$$

ここに，r_A, r_B, r_O は 8 配位，6 配位および酸素イオンのイオン半径である．この値に従って，種々の ABO_3 化合物でペロブスカイト構造を取るものを A サイトと B サイトを占めるイオンのイオン半径でプロットすると，図 6.9 のようになる．この図から t が〜0.8 以上のものは高圧下でペロブスカイト構造を取ることがわかる．上限は，1.1 あたりまでが報告されている．それらのなかで，$FeSiO_3$ と $CoSiO_3$（おそらくは $NiSiO_3$ も）はペロブスカイト構造をもたないが，それは Fe^{2+} および Co^{2+} が遷移金属元素であるので，結晶場分裂（9.4 節参照）によるエネルギーの安定を得る 6 配位を好むため，遷移金属が 6 配位の FeO あるいは CoO と SiO_2 に分解するからと考えられる．

6.3 硫化鉱物

　酸化鉱物やケイ酸塩鉱物に比べ，陰イオンが硫黄からなる硫化鉱物は，組成が複雑であり，結晶構造も不定比性や超構造を示すものがあるなど複雑であり，なかなか系統的にまとめるのが難しい．また，硫黄と相手方の金属原子ないしは半金属原子（ヒ素（As），アンチモン（Sb），ビスマス（Bi）など）との結合は，他の鉱物に多く見られるイオン結合ではなく共有結合を主とするが，イオン結合性もある程度もつらしい．これら硫化鉱物の構造も，基本的には原子半径の大きな硫黄がほぼ立方最密充填または六方最密充填をしており，その隙間の四面体または八面体位置に金属原子や半金属原子が入る構造を基本としている．

　立方最密充填の硫黄の隙間の四面体位置に金属原子が入る例としては，図 6.10a に示す**セン亜鉛鉱**（sphalerite）ZnS（立方晶系，$F\bar{4}3m$）がある．この亜鉛の位置に銅（Cu）と鉄が入る**黄銅鉱**（chalcopyrite）$CuFeS_2$（正方晶系，$I\bar{4}2d$）では，銅と鉄が秩序配列をして異なったサイトになるため，c 軸が 2 倍になり，対称性が下がって正方晶になる（図 6.10b）．こうした構造の多様性がみられるのが，Cu–Fe–S 系の硫化鉱物である（図 6.11）．この系では，3 つの固溶体系列，**斑銅鉱**（bornite; bn），中間（iss），**ピロータイト**（pyrrhotite; po）があるが，斑銅鉱と中間固溶体では硫黄が立方最密充填した隙間の四面体位置に銅や鉄が入り，温度に従って無秩序–秩序配列をする．それに対し，ピロータイト固溶体では六方最密充填した硫黄の隙間の八面体位置に鉄が入る．

　硫化鉱物の結晶構造のさらなる詳細については，森本（1989），Craig and Scott

6.3 硫化鉱物

(a) セン亜鉛鉱

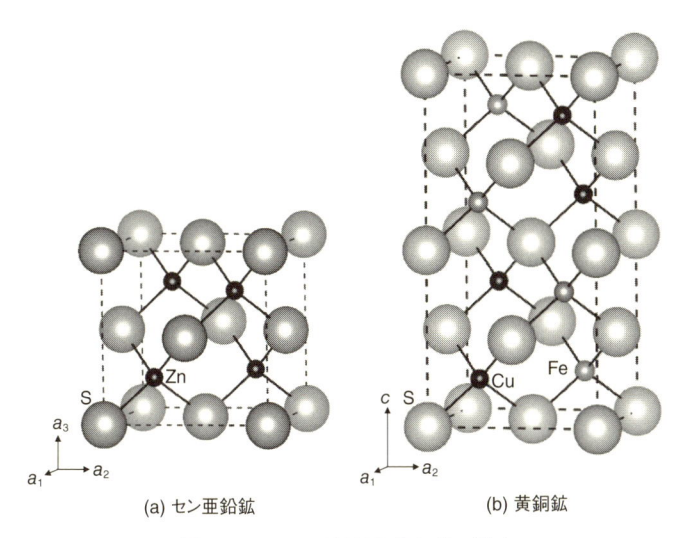

(b) 黄銅鉱

図 6.10 セン亜鉛鉱と黄銅鉱の構造
（a）セン亜鉛鉱．立方晶，空間群 $F\bar{4}3m, a=5.4093(2)$ Å（常温常圧）．（b）黄銅鉱．正方晶，空間群 $I\bar{4}2d, a=5.289(1), c=10.423(1)$ Å（常温常圧）．（セン亜鉛鉱は Skinner（1961）の構造データより，また黄銅鉱は Hall and Stewart（1973）の構造データよりそれぞれ作図）

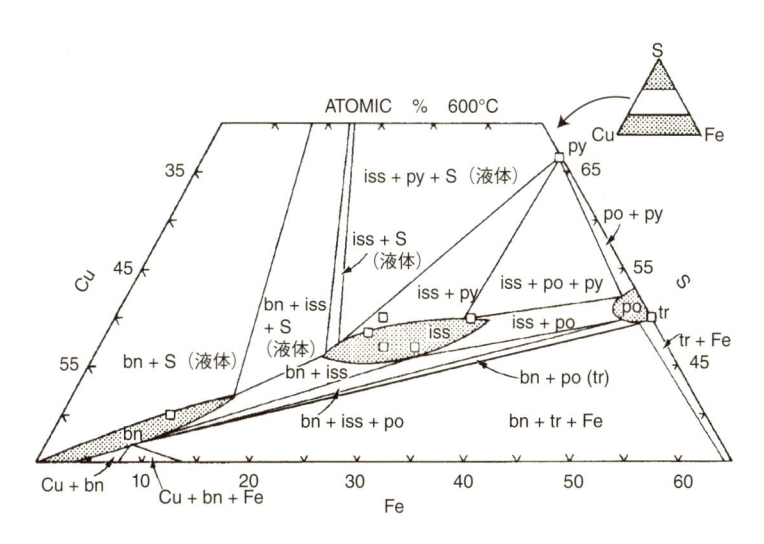

図 6.11 Cu–Fe–S 系の 600 ℃における固溶体の存在
図の陰影をつけた bn, iss, po の部分は，それぞれ斑銅鉱固溶体，中間固溶体，ピロータイト固溶体を示す．py は黄鉄鉱 FeS_2，tr はトロイライト FeS．(Craig and Scott, 1974)

第6章 主要鉱物の結晶構造：酸化鉱物，硫化鉱物，ケイ酸塩鉱物

(1974) などを参照されたい．

6.4 ケイ酸塩鉱物

　ケイ酸塩鉱物は，地球を構成する物質のなかで最も大量に存在する物質であり，地球表層の地質や内部の構造や運動を考えるうえで欠かせない物質である．また，他の地球型惑星を構成する物質でもあり，惑星の生成過程や内部構造を考えるうえでも重要な鉱物である．ケイ酸塩鉱物の結晶構造を考える場合，図6.12に示すケイ酸塩の分類がしばしば用いられる．この図は，おもに常圧下でのケイ酸塩の構造をよくまとめたものであるが，今日ではこの図に入らない数多くの高圧ケイ酸塩鉱物の構造が明らかにされている．そこで，まずはこの図に従って代表的なケイ酸塩の構造を説明した後，高圧ケイ酸塩鉱物の構造について述べる．

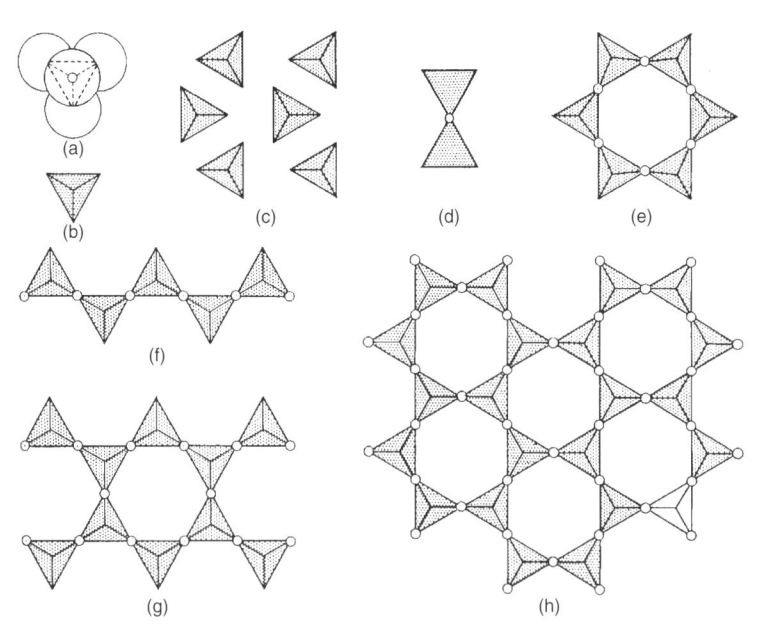

図6.12　ケイ酸塩鉱物の構造と分類
（Holmes, 1978）

6.4 ケイ酸塩鉱物

　常圧下におけるケイ酸塩鉱物の結晶構造の基本は，SiO_4 四面体である（図 6.12a, b）．この四面体の頂点にある酸素は，結合の相手を求めて負の電荷をもっている．これら SiO_4 四面体は，化学式で SiO_2 の割合が高いほど，互いに頂点の酸素を共有する．そして，共有されない酸素がある場合は，負の電荷を中和するため陽イオンが酸素の隙間に入る．この静電力により負に帯電した SiO_4 四面体どうしは結び付けられる．

　SiO_4 四面体が1つも頂点を共有しないケイ酸塩（**ネソケイ酸塩**（nesosilicate）またはオルソケイ酸塩という）には，かんらん石（例，フォルステライト Mg_2SiO_4，図 6.12c）や**ザクロ石**（garnet；例，グロシュラー $Ca_3Al_2Si_3O_{12}$）がある．かんらん石では，ほぼ六方最密充填の酸素の隙間の6配位位置におもに2価イオンが入る．ザクロ石では，大きな2価イオンは8配位，アルミニウムなどの3価イオンは6配位位置を占める．ただし，酸素は最密充填構造ではない．

　2つの SiO_4 四面体が1つの頂点を共有した**ソロケイ酸塩**（sorosilicate，図 6.12d）には，メリライト $Ca_2MgSi_2O_7$ などがある．SiO_4 四面体の2つの頂点が共有され，それらの SiO_4 四面体が環状につながったのが**シクロケイ酸塩**（cyclosilicate，またはリングケイ酸塩，図 6.12e）であり，緑柱石 $Be_3Al_2Si_6O_{18}$ などがある．

　2つの頂点を共有する SiO_4 四面体が直線的につながったのが**イノケイ酸塩**（inosilicate，または鎖ケイ酸塩，図 6.12f, g）であり，この SiO_4 のつながり（鎖）が1本のもの（図 6.12f）を単鎖，2本組み合わさったもの（図 6.12g）を複鎖という．単鎖のイノケイ酸塩に属すのが，**直方（斜方）輝石**（orthopyroxene；例，直方（斜方）エンスタタイト $MgSiO_3$）や**単斜輝石**（clinopyroxene；例，ディオプサイド $CaMgSi_2O_6$）であり，複鎖に属すのが**角セン石**（amphibole；例，直セン石 $Mg_7Si_8O_{22}(OH)_2$）である．さらに SiO_4 四面体の頂点共有が高くなり，4つの頂点のうち3つが共有され，SiO_4 四面体が層状につながると**フィロケイ酸塩**（phyllosilicate，または層状ケイ酸塩，図 6.12h）になる．フィロケイ酸塩には，**蛇紋石**（serpentine）$Mg_6Si_4O_{10}(OH)_8$ や滑石 $Mg_3Si_4O_{10}(OH)_2$ などの含水鉱物が属す．また，SiO_4 四面体のケイ素を一部アルミニウムで置き換えた雲母などもこれに属す．SiO_4 四面体のすべての頂点が互いに共有されたものが，**テクトケイ酸塩**（tectosilicate）であり，シリカ鉱物 SiO_2 やケイ素の一部がアルミニウムで置き換えられた長石（例，アルバイト $NaAlSi_3O_8$）などが含

第 6 章　主要鉱物の結晶構造：酸化鉱物，硫化鉱物，ケイ酸塩鉱物

まれる．長石では，負に帯電した (Si, Al)O$_4$ 四面体を中和する陽イオンが構造に加わる．以下，いくつかのケイ酸塩鉱物について，さらに詳しく結晶構造を見てみる．

6.4.1　かんらん石

かんらん石（olivine）の代表である**フォルステライト**（forsterite）Mg$_2$SiO$_4$ の結晶構造を，図 6.13 に示す．かんらん石では，酸素が (100) 面に平行にほぼ六方最密充填している．その隙間の 4 配位をケイ素が占め，孤立した四面体となっている．また，隙間の 6 配位位置には 2 価イオンが入る．これら 6 配位の八面体サイトは 2 種類あり，それぞれ M1, M2 サイトとよんでいる．M2 のほうがやや大きい．これら M1 の八面体は互いに稜を共有して c 軸方向に連なると同時に，M2 の八面体とも b 軸方向に互い違いに稜を共有している．また，

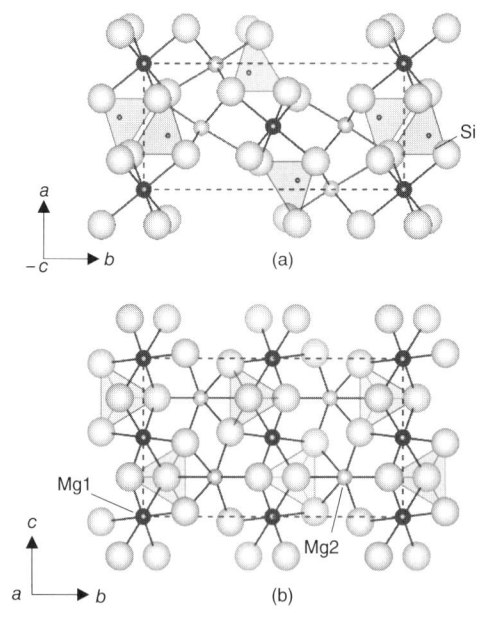

図 6.13　フォルステライトの結晶構造

(a) c 軸および (b) a 軸方向の投影図．(100) に平行な酸素の六方最密充填層があり，その隙間の 2 種類の八面体位置を Mg が占める．直方（斜方）晶，空間群 $Pbnm, a = 4.7534(6), b = 10.1902(15), c = 5.9783(7)$ Å（常温常圧）．(Fujino $et\ al.$ (1981) の構造データより作図)

6.4 ケイ酸塩鉱物

ケイ素四面体も M1, M2 の八面体と稜を共有している．一般にこれら共有されている稜は，共有されていない稜より短くなっている．これは稜共有による多面体の陽イオンどうしの静電的反発を和らげるために，陰イオンが間に入ってシールドしていると見ることができる．

6.4.2 輝 石

輝石（pyroxene）の構造は，最密充填構造の酸素とその隙間に入る 4 配位と 6 配位の基本フレームですべて記述することはできなくなる．それは，6 配位位置に収まるには大きすぎるカルシウム（Ca）イオンが関与してくるからである．したがって，輝石の構造は，カルシウムを含むものと含まないものに大別される．カルシウムを含む輝石の代表は，**ディオプサイド**（diopside）$CaMgSi_2O_6$ であり，これは単斜晶系の $C2/c$ 構造をもつ．一方，カルシウムを含まない輝石の構造は複雑で，マグネシウム，鉄の 2 価イオンを主とする輝石は広い組成範囲で直方（斜方）晶系の $Pbca$ 構造を取るが，この構造は高温では単斜の $C2/c$ に相転移する．しかし，この $C2/c$ 構造は，冷却に際し構造の違いの大きな安定相 $Pbca$ 構造に転移するには時間がかかるため，しばしば準安定相と考えられる単斜晶系の $P2_1/c$ 構造に転移する．また，マグネシウムに富む**エンスタタイト**（enstatite）端成分では，高温で $Pbca$ とは別構造の**プロトエンスタタイト**（protoenstatite）とよばれる直方（斜方）晶系の $Pbcn$ 構造が出現する．このほか，カルシウムやナトリウム（Na）を含む**アルカリ輝石**（alkalipyroxene）とよばれる種類の輝石では，高温で安定な $C2/c$ 構造は低温で単斜晶系の $P2/n$ 構造になる．これら単斜の $C2/c$, $P2_1/c$, $P2/n$ と直方（斜方）の $Pbca$, $Pbcn$ の 5 つの空間群の構造が輝石の主要な構造である．

このように，輝石は，温度，圧力，差応力などに応じてさまざまに相転移し，構造が複雑であるが，逆にそのために生成時とその後のさまざまな熱，圧力，差応力などの履歴を保存している貴重な鉱物ともいえる．以下では，それら輝石の構造のうち，基本となる $C2/c$ と $Pbca$ の構造について見てみる．

図 6.14 に，$C2/c$ の代表的な単斜輝石であるディオプサイド $CaMgSi_2O_6$ の構造を示す．$C2/c$ 構造ではやや歪んでいるが，酸素が (100) 面に平行に立方最密充填配列をしている．それらの酸素からなる SiO_4 四面体が，頂点を共有して c 軸方向に連なっている．$C2/c$ 構造では，SiO_4 四面体の鎖は 1 種類であ

第 6 章 主要鉱物の結晶構造：酸化鉱物，硫化鉱物，ケイ酸塩鉱物

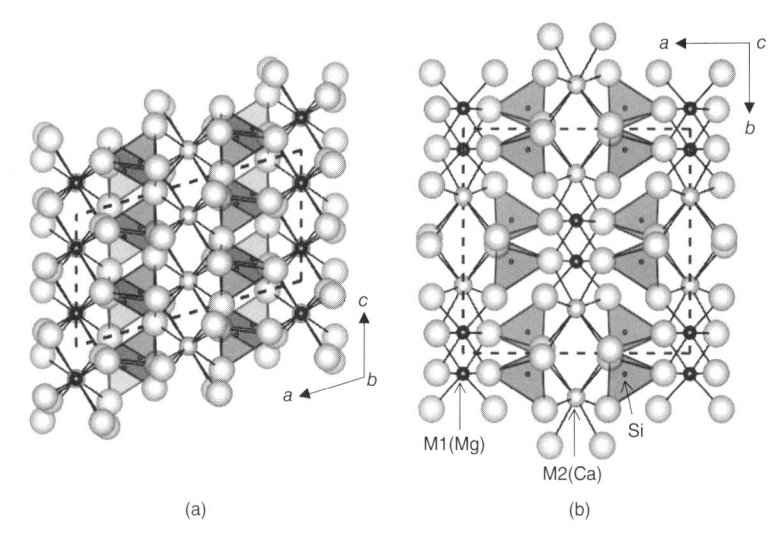

図 6.14 ディオプサイドの構造
(a) b 軸および (b) c 軸方向の投影図．図の配位多面体は SiO_4 四面体で，頂点を共有して c 軸方向につながる．その間に Mg の入る 6 配位の M1 サイトと Ca の入る 8 配位の M2 サイトがある．単斜晶，空間群 $C2/c, a=9.746(4), b=8.899(5), c=5.251(6)$ Å, $\beta=105.63(6)°$（常温常圧）．(Cameron $et\ al.$ (1973) の構造データをもとに作図)

る．それら SiO_4 四面体の鎖の間に，2 価イオンの入る M1 と M2 サイトがある．SiO_4 四面体の頂点の間に位置するのが M1 サイト，SiO_4 四面体の底面の間に位置するのが M2 サイトである．M1 サイトは酸素が 6 配位で正八面体配位に近いのに対し，より大きな M2 サイトは正八面体からずれており，むしろ 8 配位に近い．そのため，マグネシウムは M1 サイトに選択的に入り，カルシウムは M2 サイトに選択的に入る．Fe^{2+} はどちらにも入るが，M2 サイトのほうにやや多く入る．これら M1 と M2 サイトにさまざまな大きさのイオンが入るのに合わせて SiO_4 四面体の鎖が歪み，輝石の多様な構造変化が生じる．

図 6.15 には，$Pbca$ の代表的な直方（斜方）輝石であるエンスタタイト $MgSiO_3$ の構造を示す．この構造でも，酸素が (100) 面に平行にほぼ立方最密充填配列している．$Pbca$ 構造ではケイ素が 2 つのサイトに分かれるため，SiO_4 四面体の鎖も 2 種類あり，ともに c 軸方向に連なっている．それら SiO_4 四面体の鎖の間に 2 価イオンの入る M1 と M2 の 2 つのサイトがあるが，$C2/c$ の単斜輝

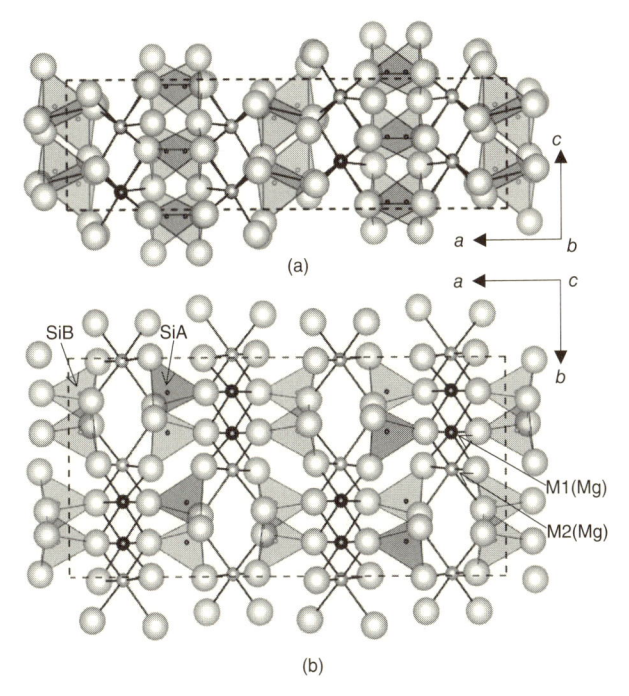

図 6.15 直方(斜方)エンスタタイトの構造
(a) b 軸および (b) c 軸方向の投影図. SiO_4 四面体の鎖は 2 種類(SiA, SiB)あり,ともに c 軸方向につながる.その間に,ともに Mg の入る 6 配位の M1 サイトと M2 サイトがある.直方(斜方)晶,空間群 $Pbca$, $a = 18.233(1)$, $b = 8.819(7)$, $c = 5.1802(5)$ Å(常温常圧).(Hugh-Jones and Angel(1994)の構造データより作図)

石と違い,ともに 6 配位である.やはり M2 のほうが少し大きい.直方(斜方)輝石の単位格子の構造は,近似的にディオプサイドの単位格子を (100) 面で双晶させた関係にあることが知られている.

6.4.3 ケイ酸塩ザクロ石

ケイ酸塩ザクロ石(silicate garnet)は,主要な陽イオンが 6 配位より大きな 8 配位を占め,したがって酸素が最密充填構造とはならない構造である.一般に化学式は $X_3Y_2Si_3O_{12}$ と表され,X としては カルシウム,マグネシウム,鉄,マンガンなどの 2 価イオンが 8 配位を占め,Y としてはアルミニウム,鉄,ク

第 6 章 主要鉱物の結晶構造：酸化鉱物，硫化鉱物，ケイ酸塩鉱物

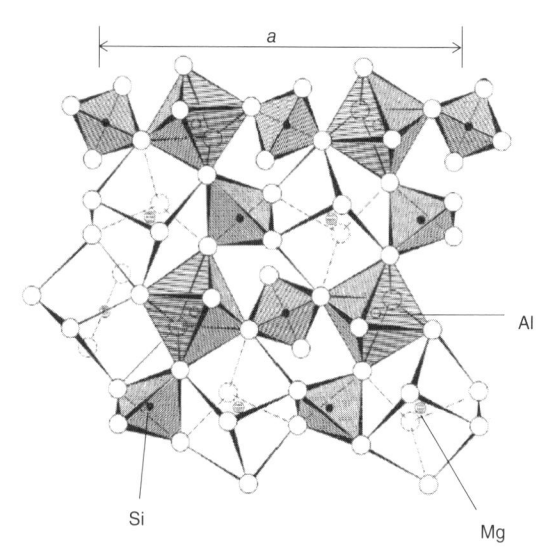

図 6.16 ケイ酸塩ザクロ石の結晶構造
立方晶．空間群 $Ia\bar{3}d$．（Novak and Gibbs, 1971）

ロムなどの 3 価イオンが 6 配位を占める．天然の系では，多くの場合次の 5 つの端成分，パイロープ (pyrope) $Mg_3Al_2Si_3O_{12}$，アルマンディン (almandine) $Fe^{2+}{}_3Al_2Si_3O_{12}$，スペサルティン (spessartine) $Mn^{2+}{}_3Al_2Si_3O_{12}$，グロシュラー (grossular) $Ca_3Al_2Si_3O_{12}$，アンドラダイト (andradite) $Ca_3Fe^{3+}{}_2Si_3O_{12}$，の固溶体として出現する．また，ケイ酸塩以外にも，工業的に重要な YAG ($Y_3Al_5O_{12}$) や YIG ($Y_3Fe_5O_{12}$) がこの構造を取る．

結晶構造は，図 6.16 に示すように，独立した SiO_4 が 3 価イオンの 6 配位八面体と結び付いて骨格をなし，その隙間に 2 価イオンが 8 配位で入る．通常のケイ酸塩ザクロ石は立方晶（空間群 $Ia\bar{3}d$）であるが，陽イオンの 6 配位位置での秩序配列により正方晶（空間群 $I4_1/a$）や直方（斜方）晶（空間群 $Fddd$）となることもある．地球の上部マントルでは，パイロープ $(Mg, Fe^{2+})_3Al_2Si_3O_{12}$ に $2Al \rightarrow (Mg, Fe^{2+})+Si$ の置換で (Mg, Fe^{2+}) と Si を 6 配位位置に取り込んだメージャライト (majorite) とよばれる $(Mg, Fe^{2+})_3Al_2Si_3O_{12}$–$(Mg, Fe^{2+})_3(Mg, Fe^{2+})SiSi_3O_{12}$ 系の固溶体ザクロ石が存在すると考えられている．

6.4.4 ケイ酸塩ペロブスカイト

　先に述べたように，常圧下ないし低圧下では，ケイ酸塩構造の種類は図 6.12 にまとめたものにほぼ限られるが，近年の高温高圧合成技術の発達により，ケイ酸塩による新たな結晶構造をもつ物質が次々と見つかった．それらの構造は，もはや図 6.12 には収まらなくなった．それらの構造に見られるひとつの大きな特徴は，陽イオンの周りの酸素の配位数が従来のケイ酸塩に見られるそれより増大していることである．たとえば，SiO_2 の多形である**スティショバイト**（stishovite）では，ケイ素の配位は通常の 4 から 6 へと増大している．ここではそうした高圧ケイ酸塩構造の例として，下部マントルの主要構成相であり，地球上で最も多量に存在する鉱物と考えられている**ケイ酸塩ペロブスカイト**（silicate perovskite）と，次項では最近見出されたそのさらに高圧相であるポスト-ケイ酸塩ペロブスカイト構造について詳しくみてみよう．

　地球の下部マントルに存在すると考えられているケイ酸塩ペロブスカイトとしては，先に述べたように $MgSiO_3$ 組成を主にするものと，$CaSiO_3$ 組成を主にするものの 2 つがある．$CaSiO_3$ 組成を主にするものは，高温高圧下では空間群 $Pm\bar{3}m$ の立方晶ペロブスカイト構造を取る．他方，$MgSiO_3$ 組成を主とするものは，空間群 $Pbnm$ 構造の直方（斜方）晶ペロブスカイト構造を取る．図 6.17 に，$MgSiO_3$ ペロブスカイトの結晶構造を，ケイ素およびマグネシウムの配位多面体により示す．直方（斜方）晶系の $MgSiO_3$ ペロブスカイトの単位格子が立方晶のそれと異なり，図 6.7 に示したようなものになるのは，以下のような事情による．ケイ素は B サイトの 6 配位，八面体位置を占める．図 6.17a，c に見るように八面体自身は正八面体に近く他の八面体と頂点を共有する点も変わらないが，図 6.17a の隣り合う八面体は，紙面に垂直な軸の周りに隣と逆向きの回転をする．そのため，対称性は立方晶から下がり，a, b 軸が立方晶のものからその対角線方向のものに変わる．さらに，c 軸（紙面に垂直）の方向に続くケイ素八面体は 1 つ下のものと c 軸に関する傾きが逆になるため，c 軸も立方晶の 2 倍の大きさになる．こうして，図 6.7 に示したような直方（斜方）晶ペロブスカイトの単位格子ができる．

　そうしたケイ素八面体配列の歪の結果，マグネシウムの入る A サイトは立方晶ペロブスカイト構造のような 12 配位ではなく，それらのうちの 4 つの距離が

第 6 章 主要鉱物の結晶構造：酸化鉱物，硫化鉱物，ケイ酸塩鉱物

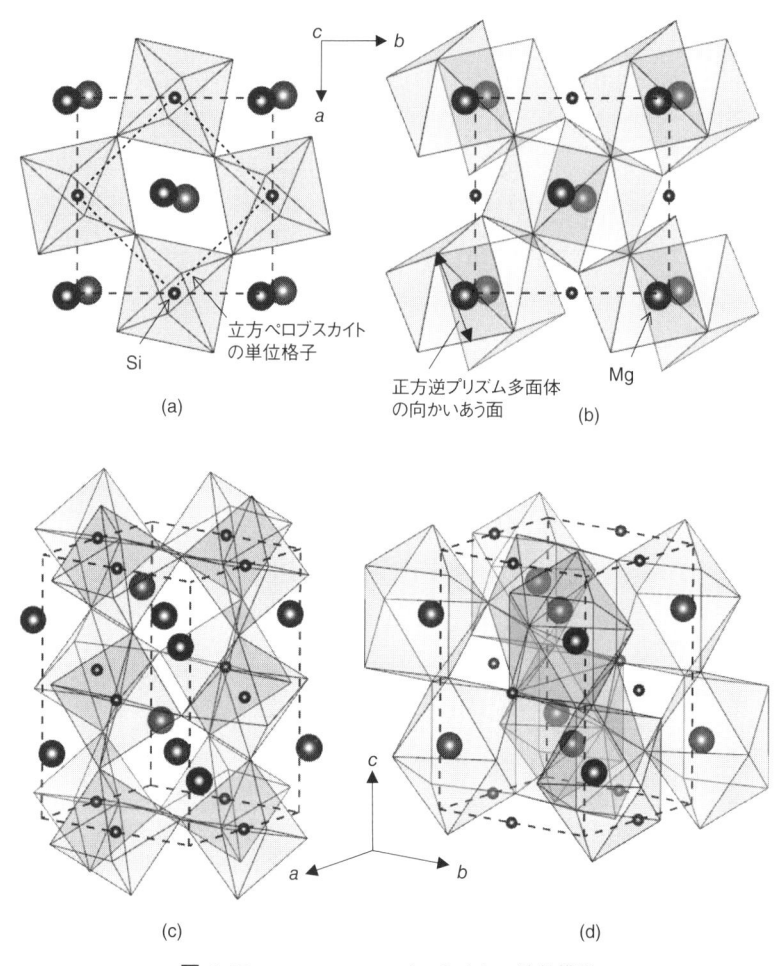

図 6.17 　MgSiO$_3$ ペロブスカイトの結晶構造

c 軸方向から見た (a) ケイ素八面体と (b) マグネシウム配位多面体，および結晶中の (c) ケイ素八面体と (d) マグネシウム配位多面体の配列．直方（斜方）晶，空間群 $Pbnm$, $a=4.7754(3)$, $b=4.9292(4)$, $c=6.8969(5)$ Å（常温常圧）．(Horiuchi $et\ al.$ (1987) の構造データより作図)

かなり長くなって 8 配位となる．その 8 配位の多面体は，正方逆プリズム多面体（立方体の向かい合う面どうしが，両方の面の中心を通る軸の周りに 45° ずれるかたち）とみることができる．図 6.17b の左下に両矢印で示した面が，その

向かいあう面である．こうした多面体どうしが c 軸方向に稜を共有して連なる．

MgSiO$_3$ ペロブスカイトには少量の鉄が固溶するが，最近の研究によれば，下部マントルの MgSiO$_3$ を主とするケイ酸塩ペロブスカイトには，2 価の鉄に加えて 3 価の鉄もかなり固溶していると考えられている．それは，こうした組成のペロブスカイト構造には 3 価の鉄が入りやすいからで，そのため以下の鉄の **価数不均化反応**（valence disproportionation reaction）により，2 価鉄が部分的に 3 価鉄となってペロブスカイト構造に入ると考えられている．

$$3\,\mathrm{Fe^{2+}O} \rightleftharpoons \mathrm{Fe^{3+}}_2\mathrm{O}_3 + \mathrm{Fe^0\text{-}metal} \tag{6.2}$$

Fe^{3+} と同時にできる金属鉄は，遊離した相としてペロブスカイト相と共存する．この反応は，ペロブスカイト相がアルミニウムを含む場合に起きやすいと考えられている．この反応は，全体としては酸化・還元には関係しておらず，3 価鉄がペロブスカイト構造に入りやすいことに起因している．

MgSiO$_3$ に少量の FeSiO$_3$ の固溶したケイ酸塩ペロブスカイトは，下部マントルの体積のほぼ 70% あまりを占めていて，地球を構成する鉱物のなかで最も多量に存在する鉱物と考えられている．この鉱物は，いまだ地球内部からは見つかっておらず，天然のものとしては，隕石の中に初めて発見された（Tomioka and Fujino, 1997）（図 6.18）．その隕石はテンハム（Tenham）隕石とよばれ，1879 年にオーストラリアに落下したものである．この隕石中の衝撃でできた溶融脈を電子顕微鏡で観察中に，地球内部に予想されるものよりも鉄に富む (Mg,Fe)SiO$_3$ 組成のケイ酸塩ペロブスカイトとして発見された．合成実験などの情報から，このケイ酸塩ペロブスカイトは隕石の母天体（おそらくは小惑星）どうしが衝突したときの高圧高温状態（22〜23 GPa 以上，2000℃を超える）でできたものと思われる．この天然のケイ酸塩ペロブスカイトは，最近，高圧の研究でノーベル物理学賞を与えられたパーシー・ブリッジマン（Percy Bridgman）にちなんで，**ブリッジマナイト**（bridgmanite）と命名された（Tschauner *et al.*, 2014）．

6.4.5 ポスト–ケイ酸塩ペロブスカイト

MgSiO$_3$ 組成を主とするペロブスカイトは，かつて下部マントル全域の条件で安定と考えられていたが，ごく最近になって，下部マントル最下部の条件で**ポスト–ケイ酸塩ペロブスカイト**（post-silicate perovskite）構造に相転移する

第 6 章　主要鉱物の結晶構造：酸化鉱物，硫化鉱物，ケイ酸塩鉱物

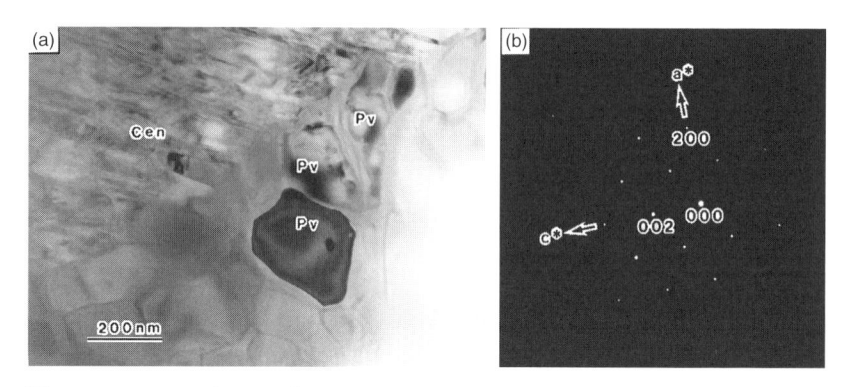

図 6.18　テンハム（Tenham）隕石中に発見された天然の (Mg,Fe)SiO$_3$ ペロブスカイト．(a) 電子顕微鏡による透過像で，Pv が (Mg,Fe)SiO$_3$ ペロブスカイト．(b) (a) の中央下方の Pv の電子線回折像．(Mg,Fe)SiO$_3$ ペロブスカイトは，もともとあった直方（斜方）エンスタタイトが，母天体どうしの衝突で発生した高圧高温により，(Mg,Fe)SiO$_3$ ペロブスカイトに相転移したものと思われる．(Mg,Fe)SiO$_3$ ペロブスカイトは電子線の照射に弱いので，時間とともに非晶質化して黒いコントラストが薄れている．Cen は，同じく直方（斜方）エンスタタイトから転移したと思われる単斜エンスタタイト．(Tomioka and Fujino, 1997)

ことが見出された（Murakami et al., 2004; Oganov and Ono, 2004）．その構造を図 6.19 に示す．この構造は直方（斜方）晶（空間群 $Cmcm$）で，陽イオンサイトとしてマグネシウムペロブスカイト構造と同様に，8 配位の A サイトと 6 配位八面体の B サイトをもつ．しかし，ペロブスカイト構造と異なり，B サイトの八面体は a 軸方向に互いに稜を共有するとともに，c 軸方向に頂点を共有する（図 6.19a, c）．こうしてできる B サイトの八面体の層が b 軸方向に積み重なり，それらの層の間にマグネシウムイオンが配置する．A サイトの配位多面体もペロブスカイト構造と少し異なり，6 つの酸素からなる三角柱の側面の 2 面に，さらにピラミッド形に酸素が配位しており，6+2 配位のバイポーラー三角柱多面体とみなすことができる（図 6.19b, d）．図 6.19b で，P で示した 2 点が a 軸方向にのびる三角柱の側面のピラミッドの頂点である．この A サイトの 8 配位多面体どうしは，a 軸方向に面を共有すると同時に，b 軸に垂直な層内で稜も共有している．この相に見られるこうした層状の構造は，この相が力学的に異方性をもつことを示唆する．

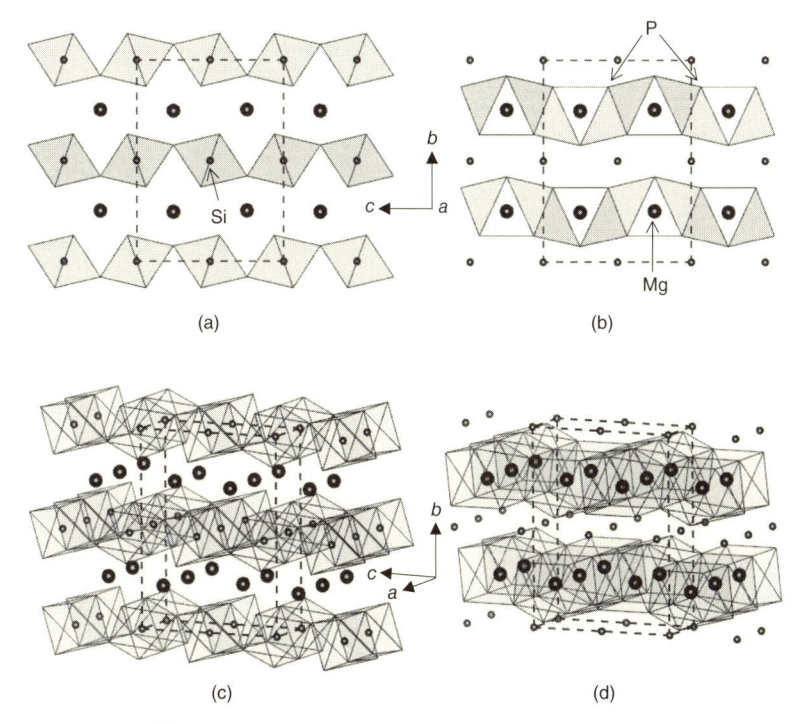

図 6.19 MgSiO$_3$ ポスト-ペロブスカイトの結晶構造

a 軸方向から見た (a) ケイ素八面体と (b) マグネシウム配位多面体,および結晶中の (c) ケイ素八面体と (d) マグネシウム配位多面体の配列.直方(斜方)晶,空間群 $Cmcm$, $a = 2.456(0)$, $b = 8.042(1)$, $c = 6.093(0)$ Å (121 GPa, 300 K). (Murakami *et al.* (2004) の構造データより作図)

第7章 鉱物の結晶化学

鉱物の化学組成や結晶構造を理解するには，鉱物を構成する原子の電子構造や原子間の結合の結晶化学的性質を理解する必要がある．そこで，以下ではそうした結合をつくる原子の構造からみていこう．

7.1 原子の構造

原子の構造は，今日量子力学的に理解される．原子中の電子の存在とそのエネルギーは，以下のシュレディンガー（Schrödinger）の波動方程式で記述される．

$$H\psi = E\psi \tag{7.1}$$

ここに，H は古典力学の運動エネルギーとポテンシャルエネルギーの和に相当する演算子であり，ψ は電子の波動関数とよばれ，$|\psi|^2$ がその場所における電子の存在確率を表し，E は電子のエネルギーを表す．(7.1) 式の ψ に関する2階偏微分方程式を解いて，エネルギー E とそれに対応する ψ を得ることが求められる．量子力学の古典力学と違う点は，エネルギー E が連続でなくとびとびの値をもつことであり，そうした"とびとび"の値を固有値，それに対応する ψ を固有波動関数という．

今，水素原子の場合を考えると，電子のポテンシャルエネルギーは原子核からの距離にしか関係しない中心力の場にあるので，電子の位置を極座標 r, θ, ϕ（図7.1）で表すと，(7.1) 式の波動関数はそれぞれの座標の関数の積に変数分離でき，それぞれの座標に関する3つの微分方程式が得られる．これらを解く

7.1 原子の構造

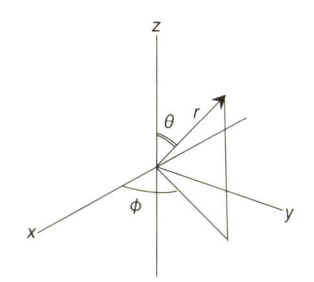

図 7.1 原子内電子位置の極座標表示

ことにより，固有エネルギーと固有波動関数が求まる．それら波動関数のことを，古典力学との経緯から**軌道**（orbital）という．それら電子の波動関数は，以下の3つの量子数で記述される．

- n ： 主量子数　　　$n = 1, 2, 3, \cdots$
- l ： 方位量子数　　$l = 0, 1, 2, \cdots, n-1$
- m ： 磁気量子数　　$m = -l, -l+1, \cdots, 0, 1, \cdots, l-1, l$

これら3つの量子数のうち，n は電子のエネルギーと原子の中心からの距離，l は電子分布の方向依存と角運動量の大きさ，m は角運動量のある特定の方向への成分に関係する．これら電子の各軌道をまとめると，表7.1のようになる．

表 7.1 水素型1電子の波動関数

n	l	m	軌道	実数線形結合型*	n	l	m	軌道	実数線形結合型*
1	0	0	1s		3	1	+1	$3p_{+1}$	$3p_x$
					3	1	0	$3p_0$	$3p_y$
2	0	0	2s		3	1	−1	$3p_{-1}$	$3p_z$ $(= 3p_0)$
2	1	+1	$2p_{+1}$	$2p_x$	3	2	+2	$3d_{+2}$	$3d_{xz}$
2	1	0	$2p_0$	$2p_y$	3	2	+1	$3d_{+1}$	$3d_{yz}$
2	1	−1	$2p_{-1}$	$2p_z$ $(= 2p_0)$	3	2	0	$3d_0$	$3d_{xy}$
					3	2	−1	$3d_{-1}$	$3d_{x^2-y^2}$
3	0	0	3s		3	2	−2	$3d_{-2}$	$3d_{z^2}$ $(= 3d_0)$

* 波動関係を実数で表現するため，以下の変換を行っている．
$p_x = \frac{1}{\sqrt{2}}(p_1 + p_{-1}), p_y = \frac{-i}{\sqrt{2}}(p_1 - p_{-1})$
$d_{xz} = \frac{1}{\sqrt{2}}(d_{+1} + d_{-1}), d_{yz} = \frac{-i}{\sqrt{2}}(d_{+1} - d_{-1}),$
$d_{xy} = \frac{1}{\sqrt{2}}(d_{+2} + d_{-2}), d_{x^2-y^2} = \frac{-i}{\sqrt{2}}(d_{+2} - d_{-2})$

第 7 章　鉱物の結晶化学

$l = 0, 1, 2, \cdots$ に対応する軌道は，それぞれ s, p, d $\cdots$ 軌道とよばれ，化学結合のうえで重要な役割を果たす．電子の各軌道が，空間的にどのような角度依存性をもっているかを，図 7.2 に示す．さらにこれら各軌道の電子には，電子の自転に相当する 2 つの角運動量の状態があり，その状態は以下のスピン量子数で記述される．

　　s：スピン量子数　　$s = +1/2, -1/2$

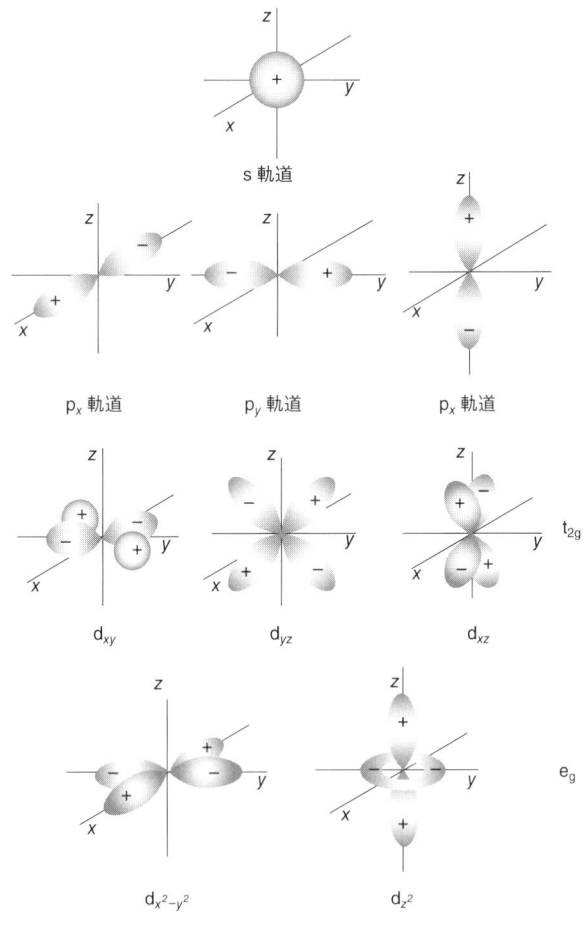

図 7.2　各電子軌道の角度依存性

以上は，原子核の周りに 1 個の電子をもつ水素原子の場合であるが，原子核の周りに 2 個以上の電子をもつ他の原子の場合は，(7.1) 式を厳密に解くことはできない．しかし，原子核の周りの電子の配置に関しては，近似的に水素原子の場合に導かれる電子の状態を用いることができる．そして，n, l, m の組合せの異なる各軌道にはスピン量子数の異なる 2 個の電子が属すると考えられる．こうした原子の電子配置に基づいて，周期表は成り立っている．表 7.2 にその一部を示す．電子の軌道は，主量子数 n の値ごとに K，L，M，N 殻と名付けられる．各殻内の l の値に対応する s, p, d, ⋯ 軌道は異なる m の値に応じてそれぞれ 1, 3, 5, ⋯ 個あり，それぞれの軌道にはスピンが $+1/2$ と $-1/2$ に対応する 2 個の電子が入る．したがって，K, L, M, N, ⋯ 殻には，それぞれ計 2, 8, 18, 32 ⋯ 個の電子が入りうる．

　普通，電子は内側の軌道から占めていくが，表 7.2 で線で囲んだように，特定の元素で内側の 3d 軌道がすべて占められる前に，外側の 4s 軌道を電子が占めるものがある．これにより，後で述べるようにこうした元素の電子状態や結合に特別のことが起きる．このような d 軌道，あるいは f 軌道が閉殻になっていない元素を**遷移元素**（transition element）といい，周期表で d 軌道や f 軌道を電子が占めるときに，特徴的に現れる．

7.2　化学結合

　鉱物の結晶構造を安定化させるのは，原子間の化学結合である．鉱物の場合，原子間には種々の化学結合があるが，多くの場合結合は**イオン結合**（ionic bond）である．そのほか，鉱物に見られる化学結合としては，**共有結合**（covalent bond）と**金属結合**（metallic bond）があり，またこれらの結合ほど一般的ではないが，**水素結合**（hydrogen bond）や**ファンデルワールス結合**（van der Waals bond）といった結合がある．

　イオン結合は，鉱物の結合として最も多くみられるもので，互いの原子が最外殻の電子をやり取りすることによってそれぞれの電子配置が安定な閉殻構造になるとともに，互いの電子のやり取りで正負になった電荷のクーロン（Coulomb）力によって結合する．電子の安定な閉殻構造とは，表 7.2 の各周期の最後にある希

第7章　鉱物の結晶化学

表7.2　電子配置と周期表

周期	元素	原子番号	K 1s	L 2s	L 2p	M 3s	M 3p	M 3d	N 4s	N 4p	N 4d	N 4f	O 5s	O 5p	O 5d	O 5f	P 6s	P 6p	P 6d	Q 7s
1	H	1	1																	
	He	2	2																	
2	Li	3	2	1																
	Be	4	2	2																
	B	5	2	2	1															
	C	6	2	2	2															
	N	7	2	2	3															
	O	8	2	2	4															
	F	9	2	2	5															
	Ne	10	2	2	6															
3	Na	11	2	2	6	1														
	Mg	12	2	2	6	2														
	Al	13	2	2	6	2	1													
	Si	14	2	2	6	2	2													
	P	15	2	2	6	2	3													
	S	16	2	2	6	2	4													
	Cl	17	2	2	6	2	5													
	Ar	18	2	2	6	2	6													
4	K	19	2	2	6	2	6		1											
	Ca	20	2	2	6	2	6		2											
	Sc	21	2	2	6	2	6	1	2											
	Ti	22	2	2	6	2	6	2	2											
	V	23	2	2	6	2	6	3	2											
	Cr	24	2	2	6	2	6	5	1											
	Mn	25	2	2	6	2	6	5	2											
	Fe	26	2	2	6	2	6	6	2											
	Co	27	2	2	6	2	6	7	2											
	Ni	28	2	2	6	2	6	8	2											
	Cu	29	2	2	6	2	6	10	1											
	Zn	30	2	2	6	2	6	10	2											
	Ga	31	2	2	6	2	6	10	2	1										
	Ge	32	2	2	6	2	6	10	2	2										
	As	33	2	2	6	2	6	10	2	3										
	Se	34	2	2	6	2	6	10	2	4										
	Br	35	2	2	6	2	6	10	2	5										
	Kr	36	2	2	6	2	6	10	2	6										

←3d遷移元素

ガス元素の最外殻の電子配置に見られるように，最外殻の電子配置が $(ns)^2(np)^6$ の 4 個の電子対をつくることである．もともとの電子配置が閉殻構造でない原子は，互いに電子をやり取りすることによって，この電子配置を実現する．そのとき，クーロンエネルギーは，正負の電荷がなるべく近づくことによって安定になるから，それぞれのイオンの大きさに応じて，なるべく密なパッキングを実現しようとする．イオン結合は，元素鉱物や硫化鉱物を除いて鉱物で最も普通に見られる結合である．

　共有結合は，イオン結合ほどわかりやすくないが，互いの原子が最外殻の自分の電子を相手原子と共有することにより，上記の 4 つの電子対による閉殻構造をつくって安定化すると考えることができる．そのエネルギー的な安定化は，交換積分という共有電子の量子力学的な計算により示される．共有結合では，結合軌道が 1 つの電子軌道からなるのではなく，いくつかの電子軌道の組合せからなることがしばしば起きる．こうしてできる電子の軌道を混成軌道という．典型的なのは，炭素の **sp^3 混成軌道**（sp^3 hybridised orbital）で，これは炭素の基底状態の電子配置 $(1s)^2(2s)^2(2p)^2$ が励起して $(1s)^2(2s)(2p_x)(2p_y)(2p_z)$ となり，これら 1 個の s 軌道関数と 3 個の p 軌道関数の 1 次結合により，4 つの sp^3 混成軌道ができる．それら 4 つの軌道に 1 つずつ電子が入り，相手炭素からの電子と対をつくって，共有結合をつくると考えることができる．この sp^3 混成軌道は，正四面体の頂点方向に軌道をのばしている．ダイヤモンドがその例で，炭素は互いに正四面体の中心とそれらの頂点に位置し，強固な共有結合をつくっている．共有結合は，鉱物ではこのダイヤモンドのほか，硫化物の一部で見られ，ケイ酸塩のケイ素（Si）も部分的に共有結合をつくっている（図 7.3）．

　金属結合は，金属に特徴的にみられる結合で，特定の原子に属さない自由電子といわれる電子が結晶全体にわたって動き回っており，それら負の電荷が結晶格子をつくる正の電荷の原子を結び付けていると考えることができる．金属に特有な高い電気伝導率や熱伝導率は，これらの自由に動き回れる自由電子に起因していると考えられる．

　水素結合は，フッ素，酸素，窒素のような**電気陰性度**（electronegativity，負イオンになりやすい度合）の大きな原子に共有結合している水素原子が，すぐ近くにある同種の負イオンとイオン結合的に結びつく結合のことであり，これによ

第 7 章　鉱物の結晶化学

図 7.3　マグネシウムかんらん石におけるケイ素の周りの電子分布

(100) 面に平行で $x=0.305$ における差フーリエ図．点線は 0，破線は負の等高線．各原子の横の数字はそれぞれの x 座標．(Fujino et al., 1981)

り 2 個の大きな負イオンを引き付ける作用をする．共有結合している酸素との距離が 1 Å くらいとすると，水素結合している酸素との距離は約 1.8 Å ほどである．近年，高圧下で水素結合している水素が両端の酸素との中間位置にきて安定化することが見出され，高圧下における**水素結合の対称化**（symmetrization of hydrogen bond）として注目されている．

　ファンデルワールス結合は，正負の電荷をもたない原子または分子間に存在する弱い凝集力に基づく結合と考えられる．正負の電荷はもたなくても，時間的に変動する分極が生じ，それら分極による双極子どうしが相互作用をして，凝集力を生じるらしい．それによる双極子どうしのポテンシャルエネルギーは，距離 r の 6 乗に逆比例する引力と 12 乗に逆比例する斥力で近似できるといわ

れる．

以上みてきた種々の結合を，結合の強さの順に並べると，以下のようになる．

共有結合 > イオン結合 > 水素結合 > ファンデルワールス結合

7.3 イオン半径と配位数

7.3.1 イオン半径

鉱物の結晶構造を考えるとき，その構造を構成する原子種により単位格子に系統的な違いがあることから，個々の原子には固有の大きさがあることが推察される．しかし，それらの原子ないしはイオンの大きさを実態的にとらえることは，容易なことではない．試みのひとつとして，結晶をつくる個々の原子のある半径内の電子数を正確に求めて，半径に対する電子数の分布の仕方から，個々の原子の半径を求める方法もあるが，その境をどこに取るかには任意性が伴い，また分布の仕方も結晶構造や原子の種類によってさまざまである．そうしたあいまいさのために，原子やイオンの大きさに関しては過去よりさまざまな試みがなされてきたが，必ずしも共通の尺度にはならなかった．そうしたなか，Shannon and Prewitt（1969）は，多数のイオン化合物の構造解析による原子間距離に基づいて，経験的に各種イオンの半径を求めた．ただし，原子間距離から各イオンの**イオン半径**（ionic radius）を求めるには，ある原子についての基準が必要である．彼らはそれを6配位のO^{2-}およびF^-の半径をそれぞれ1.40 Åおよび1.30 Åとすることで，各イオンに対するイオン半径表を発表した．彼らの試みが成功したのは，それらのイオン半径を求めるにあたり，従来の研究で考慮されなかった各イオンの配位数と，ある種の陽イオンについてはスピン状態も考慮に入れたことによる．このイオン半径は，**有効イオン半径**（effective ionic radius）とよばれており，今日多くの結晶構造に関する研究に利用されている．このイオン半径表（付表2）は，その求めた経緯から，とりわけさまざまな構造の原子間距離の再現や予測に役立つ．

7.3.2 配位数

このような各原子やイオンの大きさは，それらの原子からなる結晶構造にど

第 7 章　鉱物の結晶化学

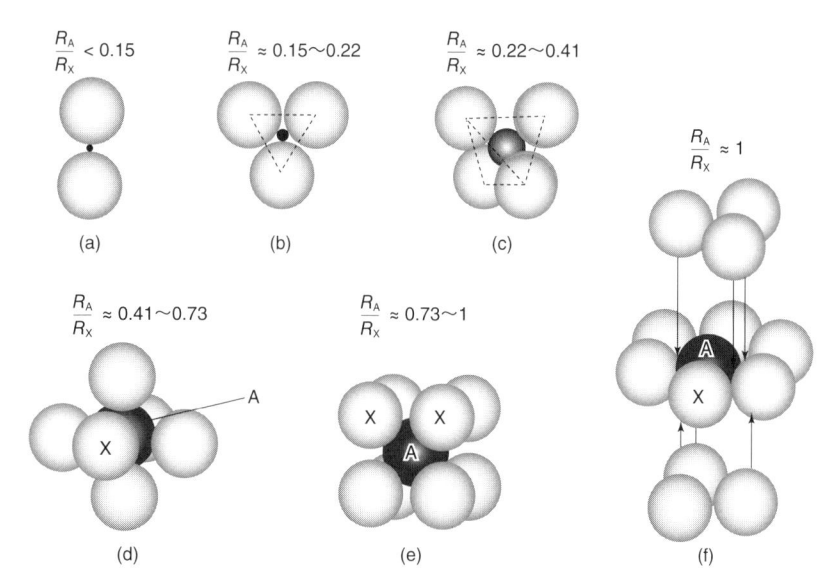

図 7.4　イオン半径比と配位多面体
イオン半径比 R_A/R_X が増加するにつれて，安定な配位多面体が 2 配位（a）から平面三角形（b），四面体（c），6 配位八面体（d），8 配位六面体（e），12 配位（f）へと変化する．(Bloss (1994) を改変)

のように反映されるのであろうか？　このことは，第 6 章でみた各種結晶構造における大きな原子のパッキングによってできる隙間への小さな原子の入り方にある程度見て取ることができる．たとえば，図 6.1 で大きな酸素のパッキングの隙間に小さな陽イオンが入るとき，隙間の 4 配位と 6 配位では，6 配位のほうが大きいことが見てとれる．実際そのとおりに，より大きい隙間にはより大きな陽イオンが入る．もっと一般的にいうと，多くの鉱物の結晶構造は，大きな陰イオンのパッキング構造の隙間に小さな陽イオンが入ることで出来上がっており，各陽イオンはその大きさに応じて異なった種類の配位多面体をつくっているとみなすことができる．

このとき，陽イオンと陰イオンのイオン半径をそれぞれ R_A, R_X とすると，一般的に R_A/R_X が大きいほど，配位多面体の配位数も高くなる．それを表したのが，図 7.4 である．図で，たとえば 4 配位の正四面体の陰イオンが互いに接するときにそれらの陰イオンとちょうど接する陽イオンと陰イオンのイオ

7.3 イオン半径と配位数

表 7.3 イオン半径比と配位数(配位多面体)

R_A/R_X	配位数(配位多面体)
< 0.15	2
0.15〜0.22	3(平面正三角形)
0.22〜0.41	4(四面体)
0.41〜0.73	6(八面体)
0.73〜1.0	8(六面体)
≈ 1.0	12

半径比は 0.22 で,6 配位の正八面体の場合のイオン半径比は 0.41,さらに配位数が 1 段高い 8 配位の正六面体の場合のイオン半径比は 0.73 であることが計算からわかる.このことから,イオン半径比が 0.22 と 0.41 の間の陽イオンは,配位多面体としてほぼ 4 配位を取り,それよりイオン半径比が大きくなるにつれて 6 配位,8 配位と配位が増加して,陽イオンがほぼ陰イオンと同じ大きさになると,陰イオンとともに立方または六方最密充填的な配列をつくって 12 配位になることが予想される.実際,陽イオンはある配位で互いに接する陰イオンの隙間にすっぽり収まるイオン半径比かそれより少し大きめのときに,その配位多面体を好むことが経験的に知られている.これは,イオン結合の結晶のエネルギーが正負の電荷のクーロンエネルギーからきていることによる.正負電荷のクーロンエネルギーは,両者の距離が小さいほど低くなるので,陽イオンが陰イオンの隙間で遊びがあるような配置は不安定になるからである.こうして計算されるそれぞれの配位多面体におけるイオン半径比の範囲の表を,表 7.3 にまとめた.天然に出現する鉱物中の陽イオンと陰イオンのイオン半径比とそのときの配位数は,おおむねこの表に従う.

近年,高圧鉱物の構造解析で明らかになった結晶構造上の特徴のひとつは,一般に高圧になると陽イオンの配位数が増大することである.たとえば,$MgSiO_3$ が単斜輝石 → イルメナイト構造 → ペロブスカイト構造と相転移するとき,マグネシウム(Mg)の配位数は 6 → 6 → 8,ケイ素(Si)の配位数は 4 → 6 → 6 と増加する.このことは,陽イオンと陰イオンのイオン半径比の圧力変化で説明できる.それは,高圧になるにつれて,陽イオン,陰イオンともにイオンの半径は縮まるが,陰イオンのほうが電子密度が疎なだけ余計に縮まりやすい.

第 7 章 鉱物の結晶化学

したがって，高圧になるに従って，イオン半径比 R_A/R_X は増大する．そのため配位数は表 7.3 に従って増大することになる．

最後に，鉱物の構造の安定性を考えるうえで有用な経験則として知られる，**ポーリングの規則**（Pauling's rule）（Pauling, 1960）を紹介しよう．これらは以下の 5 つの規則からなる．

第 1 則：それぞれの陽イオンの周りには陰イオンの配位多面体が形成され，その陽イオンと陰イオンとの距離は，両者の半径比で決まる陽イオンの配位数に基づく両者の半径の和になる．

第 2 則：**静電原子価則**（electrostatic valence rule）．安定な結晶構造では，配位するすべての陽イオンからある陰イオンへの静電結合の和は，その陰イオンの電荷に等しい．

第 3 則：配位多面体からなる構造で，陰イオンの 2 つの多面体で共有される稜，およびとくに面の存在は，その構造の安定性を低下させる．この効果は，陽イオンの原子価が高く配位数の低い場合に大きく，とくに陽イオンと陰イオンのイオン半径比がその配位多面体の下限に近いほど大きい．

第 4 則：異なる陽イオンをもつ結晶では，高い原子価と小さな配位数をもつ陽イオンは，互いに配位多面体の何かを共有しようとしない傾向がある．

第 5 則：結晶において，本質的に異なる種類の構成要素の数は，少数になる傾向がある．

上記で，第 2 則の静電結合とは，ある陽イオンの電荷を Z，その周りに配位する陰イオンの数を N としたとき，Z/N のことをいう．この第 2 則は，安定な構造で驚くほどよく成り立っている．たとえばオリビン構造では，どの酸素も 3 つの 6 配位陽イオン（マグネシウムや鉄の 2 価イオン）と 1 つの 4 配位陽イオン（ケイ素）に配位しているので，それら静電結合の和は $(2/6) \times 3 + 4/4 = 2$ となり，-2 価と電荷中和する値になる．これは，イオン結晶に見られる正負イオンによる静電エネルギーは，なるべく狭い範囲で電荷が中和されるほど低いことに相当している．第 1 則は，イオン半径を導いた経緯からして当然であろう．第 3 則および第 4 則は，正の電荷どうしの反発エネルギーを下げるためとみることができる．第 5 則の構成要素とは，結晶中の特定のサイト（席）に入るイオンのことである．

このポーリングの規則は，常圧のもとでの結晶構造ではよく成り立つ．しか

し，高圧で安定な構造には，あまり当てはまらない．それは，この規則が常圧で安定な構造から導き出されたものだからであり，おもにギブズ（Gibbs）自由エネルギー $G=U-TS+PV$ のうち，内部エネルギー U に相当するエネルギーの安定性を論じているからである．しかし，高圧のもとでは，自由エネルギーにはむしろ PV の項が効いてくるので，U の点では少々不利でも V を小さくする（密度を大きくする）構造が有利になるためである．

7.4　結晶構造のシミュレーション

　天然あるいは合成鉱物の結晶構造を解明するために，さまざまな実験手法が用いられる一方，それらの鉱物の限られた情報から，結晶学的な理論あるいはシミュレーションによって構造を解明する試みも以前から行われてきた．それらの試みのなかで一定の成功を収めたものとして，**DLS法**（distance least-squares method）がある（Mejer and Villiger, 1969）．これは，結晶の格子定数や空間群がわかっているときに，それらの制約条件のもとで各構成イオン間の距離がそれぞれのイオン半径和に最もよく合うように各原子の位置を決める方法である．しかし，現実の結晶では，原子間距離は配位多面体の面や稜の共有などのためにイオン半径和からずれてくることがあり，そのような場合にうまく対応できないなどの問題がある．

　DLS法よりもっと広範囲な手法として1950年代から構造の予測に使われてきたものに，**分子動力学**（molecular dynamics）法がある．これは，各原子のポテンシャル場として2体原子間ポテンシャルを用いて，各原子についてニュートン（Newton）方程式を解くことにより，それら原子からなる系の安定構造や動的過程を調べる方法である．その意味で，この方法は化学反応のシミュレーションに向いている．分子動力学法は当初，原子間ポテンシャルに経験的なパラメーターを用いていたが，その後原子間ポテンシャルを量子力学による第一原理計算で求めるようになってきている．

　最近の結晶構造に関する理論計算やシミュレーションにおいては，**第一原理計算**（first-principles calculation または *ab initio* calculation）とよばれる量子力学的な計算法が主になりつつある．第一原理計算とは，実験データや経験的パラメーターを使わない理論計算の総称であるが，結晶科学の分野では，結晶を

第 7 章 鉱物の結晶化学

構成する原子の電子状態についてのシュレディンガー方程式を，経験的なパラメーターを使わずに量子力学的に計算する方法の意で用いられている．とはいえ，N 個の電子を用いた場合は $3N$ 次元の波動方程式を解かねばならず，その計算は膨大である．この点の困難さを取り除くため，多電子系の波動方程式を解く代わりに，多電子による系全体の電子密度を考え，その電子密度に基づくポテンシャル場における電子の波動方程式を解く密度汎関数理論（DFT）が 1960 年代に取り入れられることによって，その後の計算物質科学が大きく発展した．波動方程式を解くことにより，系の全エネルギーが求まり，これから原子にはたらく力が計算できるので，種々の物性値も得ることができる．ただ，いずれにしろ計算量は膨大であり，計算できる原子数も 1,000 を超えるときわめて困難になる．

第8章 熱力学と鉱物の安定性

8.1 熱力学の法則

　天然の鉱物にしろ，合成した鉱物にしろ，それらはある温度，圧力などの条件下で存在する．そのとき，それらの鉱物がその条件で安定であるかどうかは，どのように判断されるのであろうか．その判断には，熱力学が用いられる．熱力学は，こうした鉱物の安定性や，鉱物の分解，鉱物間のさまざまな反応に広く用いられるので，以下に簡単に熱力学の基本的な法則について，見てみよう．

　熱力学には，3つの基本的な法則がある．それらの法則の前提として，熱力学の第零法則ともいわれる法則がある．それは，熱力学では空間的，時間的にある広がりをもった物質の集団を系というが，系AとBが熱的平衡状態にあり，また系BとCも熱的平衡状態にあるならば，系AとCもまた熱的平衡状態にあるというものである．そうした前提のうえで，熱力学の第一，第二，第三の法則が成り立っている．それらの表現法は何通りかあるが，ここでは鉱物の安定性や変化の方向を考えるうえで拠り所としやすいような表現法を用いる．

8.1.1 熱力学の第一法則

　今，ある系に外界から微小な熱量 $d'Q$ が与えられ，この系は外界に対して微小な仕事 $d'W$ をし，その結果この系の**内部エネルギー**（internal energy）が微小な量 dU だけゆっくり変化したとする（図8.1）．このとき，熱量はエネルギーと見なすことができ，この系へのエネルギーの出入りを考えると，以下のエネ

図 8.1　系への熱量と仕事量の出入りと系の内部エネルギー変化

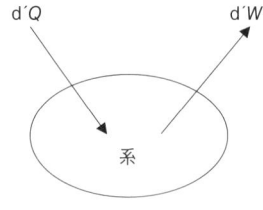

ルギー保存則が成り立つ.

$$dU = d'Q - d'W \tag{8.1}$$

ここで，dU は変化の経路によらず温度，圧力などだけで決まる状態量の変化であるが，$d'Q$ と $d'W$ は変化の経路による量であり，状態量の変化ではない．これが，熱力学の第一法則であり，エネルギー保存則ともいわれる．仕事量として，体積変化を伴う仕事のみである場合を考えるなら，このときの圧力を P，体積を V とすると，$d'W = P\,dV$ なので，(8.1) 式は以下のように書くことができる.

$$dU = d'Q - P\,dV \tag{8.2}$$

8.1.2　熱力学の第二法則

　熱力学の第二法則は，クラウジウス（Clausius）流に表現すれば，以下のようになる．ここで，系が外界と平衡を保ちながらゆっくりと変化し，その変化は逆向きにも起きるとき，これを可逆変化という．すると熱力学の第二法則は，以下のように 2 つに分けて表現することができる．今，温度 T にある系が外界から熱量 $d'Q$ をもらって可逆的に微小変化するとき，その系にはその変化量が

$$dS = \frac{d'Q}{T} \tag{8.3}$$

となる状態量 S が存在する．しかし，この変化が不可逆変化だとすると，

$$dS > \frac{d'Q}{T} \tag{8.4}$$

となる．このように，熱力学の第二法則で，新たにエントロピー（entropy）とい

う状態量 S が導入される．外界とまったく相互作用をしない孤立系では，$d'Q = 0$ であるので，すべての自然に起きる過程（これらは不可逆変化）で $dS > 0$ となり，エントロピー S は常に増大することになる．そのため，熱力学の第二法則は，"エントロピー増大の法則" ともいわれる．

8.1.3 熱力学の第三法則

熱力学の第二法則では，エントロピーはその変化しか議論しない．したがって，何らかの基準を設けることが必要となる．そこで，絶対零度では，あらゆる物質のエントロピーが同じ値になると考えられるので，これを 0 とした．これが熱力学の第三法則である．

なお，統計力学ではエントロピーは以下のように定義されるが，これと熱力学的なエントロピーとは等価であることが示される．

$$S = k \ln \omega \tag{8.5}$$

ここに，k：ボルツマン（Bolzmann）定数
ω：系の内部エネルギー U，体積 V，粒子数 N などの巨視的な量がある決まった状態にあるときに，その条件のもとで系が取りうる微視的な状態の数

8.2 自由エネルギーと鉱物の安定性

上記の熱力学の法則を用いることによって，さまざまな条件における物質の安定性が議論できる．まずは，内部エネルギーが物質の安定性にどう関係するか見てみよう．熱力学の第二法則より，すべての不可逆変化に対して (8.4) 式が適用できるが，今外界に対する仕事が体積変化を伴うのみである場合，(8.4) 式と第一法則から導かれる (8.2) 式を用いて，以下の式が導かれる．

$$dS > \frac{d'Q}{T} = \frac{dU + P\,dV}{T}$$

すなわち，

$$dU < T\,dS - P\,dV \tag{8.6}$$

したがって，S および V が一定のときは，$dS = dV = 0$ より，

第 8 章　熱力学と鉱物の安定性

$$dU < 0$$

となり，系の U はひたすら減少し続け，ついに系が平衡に達すると $dU=0$ となる．そのとき，系の U は最小になる．つまり，S と V が一定のとき，系が最も安定となるのは，内部エネルギー U が最小となるときである．

熱力学では，内部エネルギーのほかに，以下の 3 つのエネルギーがよく使われる．

エンタルピー（enthalpy）：$H = U + PV$ \hfill (8.7)

ヘルムホルツの自由エネルギー（Helmholtz free energy）：$F = U - TS$
\hfill (8.8)

ギブズの自由エネルギー（Gibbs free energy）：$G = U + PV - TS$ \hfill (8.9)

そこで，ギブズの自由エネルギー G は，どのような場合に物質の安定性に関係するのか，見てみよう．（8.9）式の微分をとると，

$$dG = dU + V\,dP + P\,dV - S\,dT - T\,dS = d'Q + V\,dP - S\,dT - T\,dS$$

そこで，不可逆過程では上式と（8.4）式の関係を用いることにより，

$$d'Q - T\,dS = dG - V\,dP + S\,dT < 0$$

したがって，圧力と温度一定のもとでの不可逆変化では $dP=dT=0$ より，

$$dG < 0$$

となり，G が最小となるとき系が安定であることがわかる．このように，それぞれの自由エネルギーは，ある特定の条件のもとでの系の安定性を規定していることがわかる．地球惑星科学では，ある温度，圧力下での物質の安定性を議論することが多いので，ギブズの自由エネルギー G は，とりわけ重要である．

上記のことから，それぞれの自由エネルギーは，以下のようにある特定の状態変数で可逆過程における自由エネルギーの変化を書き表すことができる．

$$\begin{aligned} dU &= T\,dS - P\,dV \\ dH &= T\,dS + V\,dP \\ dF &= -S\,dT - P\,dV \\ dG &= V\,dP - S\,dT \end{aligned} \quad (8.10)$$

8.2 自由エネルギーと鉱物の安定性

これらの各自由エネルギーに対する上記の状態変数の組を，自然な状態変数という．(8.10) 式より，ギブズの自由エネルギーについては，以下のような 1 次微分が得られる．

$$\left(\frac{\partial G}{\partial P}\right)_T = V \tag{8.11}$$

$$\left(\frac{\partial G}{\partial T}\right)_P = -S \tag{8.12}$$

これらの関係式があるので，物質の安定性を図示するときは，注意する必要がある．たとえば，ある物質がある圧力下の異なった温度でそれぞれ異なった安定構造 A と B を取るとき，それら両者の温度による安定関係は，図 8.2 のようになる．ここで，相 A と B のギブズ自由エネルギーが等しくなる温度を T_c とすると，ある圧力と温度下で安定な相は G が最小になる相だから，温度が T_c より低温なら相 A が，また T_c より高温なら相 B が，それぞれ安定になる．ここで，(8.12) 式より自由エネルギーの温度による微分は $-S$，また自由エネルギーの温度による 2 回微分は $-C_p T$ (C_p は定圧比熱) であり，どのような物質でもエントロピー S と C_p は正なので，温度に対する自由エネルギー曲線は上に凸で負の勾配をもつことに注意しよう．同様に，ある温度下での圧力による相の安定関係は，一般に図 8.3 のようになる．

そこで，温度-圧力の座標軸上でそれぞれ相 A と相 B の安定に存在する領域

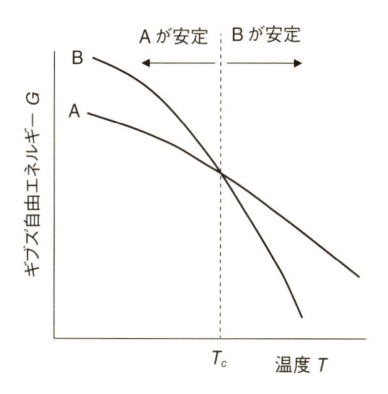

図 8.2　圧力一定のもとでの温度による物質の安定性とギブズの自由エネルギーの関係

第 8 章　熱力学と鉱物の安定性

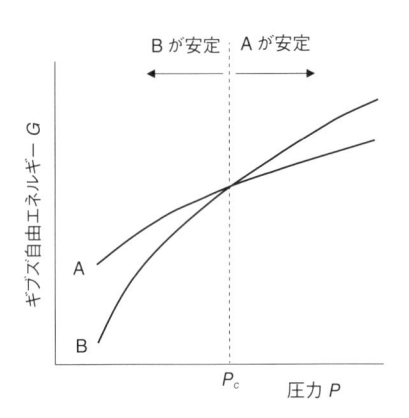

図 8.3　温度一定のもとでの圧力による物質の安定性とギブズの自由エネルギーの関係

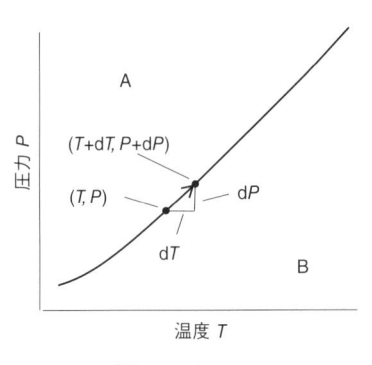

図 8.4　相　図

を描くことができる（図 8.4）．こうした図を**相図**（phase diagram），または**平衡状態図**（equilibrium diagram）という．この図で，相 A と相 B の境界の線上では両者が共存しており，両者の自由エネルギーは等しい．したがって，この線上のある点 (T, P) での両者の自由エネルギーを G_A と G_B としたとき，

$$G_\mathrm{A} = G_\mathrm{B} \tag{8.13}$$

また，その点からごくわずか離れた境界線上の点 $(T+\mathrm{d}T, P+\mathrm{d}P)$ でもやはり両者の自由エネルギーは等しいから，

$$G_\mathrm{A} + \mathrm{d}G_\mathrm{A} = G_\mathrm{B} + \mathrm{d}G_\mathrm{B} \tag{8.14}$$

したがって，

$$dG_A = dG_B \tag{8.15}$$

となり，(8.10) 式より，

$$dG_A = -S_A\, dT + V_A\, dP$$
$$dG_B = -S_B\, dT + V_B\, dP \tag{8.16}$$

となるので，(8.15) と (8.16) 式より，

$$-S_A\, dT + V_A\, dP = -S_B\, dT + V_B\, dP \tag{8.17}$$

すなわち，

$$\frac{dP}{dT} = \frac{S_A - S_B}{V_A - V_B} = \frac{\Delta S}{\Delta V} \tag{8.18}$$

が成り立つ．(8.18) 式は，相境界の勾配が相 A と B のエントロピーと体積の比になることを示しており，**クラペイロン−クラウジウスの式** (Clapeyron-Clausius equation) とよばれる．この式より，実験的に相境界が得られればその傾きから $\Delta S/\Delta V$ がわかり，X 線回折で両相の格子定数が得られれば ΔV がわかるので，それを用いれば ΔS すなわち両相のエントロピー差がわかる．あるいは逆に，ΔS と ΔV が他の方法でわかれば，それから P–T 上の相境界の勾配を知ることができるなど，(8.18) 式はたいへん便利な関係式である．

(8.9) 式の G の式から，高圧のもとでは PV 項が支配的になるため，この項がなるべく小さくなるような V の小さな相，すなわち密度の大きな相が安定になり，高温のもとでは $-TS$ 項が支配的になるため，S の大きな相，すなわち無秩序な相あるいは乱れた相が安定になる．

8.3　固溶体の熱力学

ここで，鉱物によく見られる**固溶体** (solid solution) について，熱力学的に考えてみよう．固溶体とは，2 種類以上の元素が任意の割合で交じり合って出来ている結晶のことであり，天然のほとんどの鉱物は程度の差こそあれ，固溶体といってよい．任意の割合で交じり合っているといっても，たとえばオリビン $(Mg, Fe)_2SiO_4$，直方（斜方）輝石 $(Mg, Fe)SiO_3$，単斜輝石 $Ca(Mg, Fe)Si_2O_6$

第 8 章 熱力学と鉱物の安定性

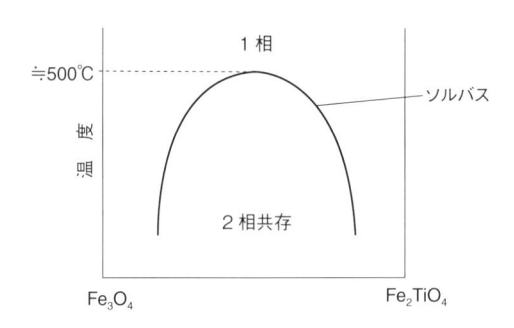

図 8.5 マグネタイト–ウルボスピネル系の相図
(Price, 1981)

などの例に見るように,2 価イオンの総和と 4 価イオンの総和はある一定の比にあるなどの制約がある.2 種の陽イオンが固溶体をつくる条件としては,それぞれのイオン半径と電気陰性度の差がおよそ 15% 以内といった制約がある.

一般に,高温では固溶体をつくるのに,低温では 2 相に分かれてしまうという現象がよく見られる.図 8.5 は,マグネタイト Fe_3O_4 とウルボスピネル Fe_2TiO_4 系固溶体の温度と組成に関する相図であるが,このように 1 相領域とそれが分解した 2 相共存領域を分ける境界線を,**ソルバス**(solvus)という.また,高温または高圧などで 1 相である固溶体が条件の変化により 2 相に分かれる現象を,**離溶**(exsolution)という.以下で,こうした離溶現象がなぜ起きるかを,準化学的モデルを用いて見てみよう.

今,成分 A と B からなる固溶体 $A_X B_{1-X}$ および端成分 A と B の 1 mol の自由エネルギーを,それぞれ $G_{SS}(x)$, G_A, G_B とする.すると,以下のような反応

$$X A + (1 - X) B \longrightarrow A_X B_{1-X} \tag{8.19}$$

で A と B の機械的混合物から固溶体が生成するときの 1 mol の自由エネルギーの差 $\Delta G(X)$ は,

$$\begin{aligned}
\Delta G(X) &= G_{SS}(X) - X G_A - (1 - X) G_B \\
&= H_{SS}(X) - T S_{SS}(X) - X(H_A - T S_A) - (1 - X)(H_B - T S_B) \\
&= \Delta H(X) - T \, \Delta S(X)
\end{aligned} \tag{8.20}$$

8.3 固溶体の熱力学

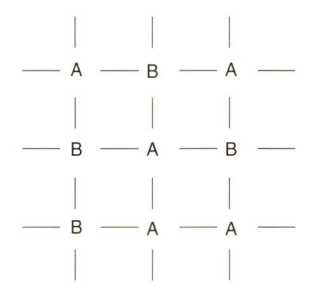

```
    |      |      |
 ── A ── B ── A ──
    |      |      |
 ── B ── A ── B ──
    |      |      |
 ── B ── A ── A ──
    |      |      |
```

図 8.6　固溶体における A，B 原子の配置

となる．ここに，$\Delta H(X) = H_{SS}(X) - XH_A - (1-X)H_B$ と $\Delta S(X) = S_{SS}(X) - XS_A - (1-X)S_B$ は，それぞれ固溶体と A と B の機械的混合物のエンタルピー差およびエントロピー差である．$\Delta S(X)$ を A と B が固溶体をつくることによる A 原子と B 原子の格子上の並び方（図 8.6）に基づくエントロピー（配置エントロピーという）の差で代表させると，

$$\Delta S(X) = k \ln \omega = k \ln \left\{ \frac{N!}{(XN)![(1-X)N]!} \right\} = k \ln {}_N C_{XN} \tag{8.21}$$

ω：N 個の格子点に XN 個の A と $(1-X)N$ 個の B を配置する
　　組合せの数

となるので，スターリング（Stirling）の公式 $\ln N! = N \ln N - N$ を用いて，

$$\Delta S(X) = -R[X \ln X + (1-X) \ln (1-X)] \tag{8.22}$$

R：気体定数

となる．その X による変化の様子を図 8.7 に示す．

　$\Delta H(X)$ については，準化学モデルを計算に用いる．準化学モデルとは，内部エネルギーは固溶体を構成する各 A，B 原子（図 8.6）とその周りの最近接原子との間の結合エネルギーの総和に等しいとの近似に基づくモデルである．この近似を用いると，最近接の A–A，B–B，A–B 原子どうしの結合エネルギーをそれぞれ V_{AA}, V_{BB}, V_{AB} とし，1 mol におけるその結合の数をそれぞれ n_{AA}，n_{BB}，n_{AB} としたとき，

$$\Delta H(X) = n_{AA} V_{AA} + n_{BB} V_{BB} + n_{AB} V_{AB}$$

第 8 章　熱力学と鉱物の安定性

$$-\left[\frac{XZNV_{\mathrm{AA}}}{2}+\frac{(1-X)ZNV_{\mathrm{BB}}}{2}\right]$$
$$=\frac{ZNX(1-X)(2V_{\mathrm{AB}}-V_{\mathrm{AA}}-V_{\mathrm{BB}})}{2}$$

Z：最近接原子の数 (8.23)

となる．$\Delta H(X)$ はそれぞれ A–A, B–B, A–B 結合の強さに応じて，以下のようになる．

$$\begin{aligned}\Delta H(X) &= 0 \ (2V_{\mathrm{AB}} = V_{\mathrm{AA}} + V_{\mathrm{BB}}) \\ &> 0 \ (2V_{\mathrm{AB}} > V_{\mathrm{AA}} + V_{\mathrm{BB}}) \\ &< 0 \ (2V_{\mathrm{AB}} < V_{\mathrm{AA}} + V_{\mathrm{BB}})\end{aligned}$$ (8.24)

（8.22）と（8.23）式に基づいて $\Delta G(X)$ を図示すると，図 8.8 のようになる．

図 8.8a の $\Delta H(X) < 0$ と図 8.8b の $\Delta H(X) = 0$ の場合は，$-T\Delta S$ が下に凸なので，ΔG も下に凸となってどの組成でもその組成の固溶体が最小の自由

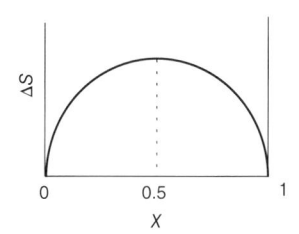

図 8.7　$\Delta S(X)$ の X による変化

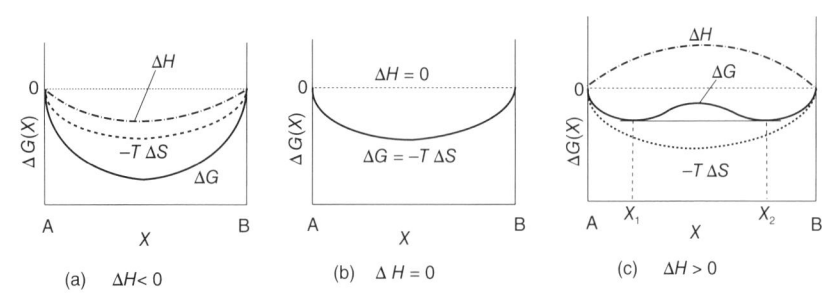

図 8.8　準化学モデルによる固溶体の自由エネルギー差の組成による変化
（a），（b）では全組成領域で固溶体が安定．（c）では $X_1 X_2$ 間で 2 相分離が起きる．

8.3 固溶体の熱力学

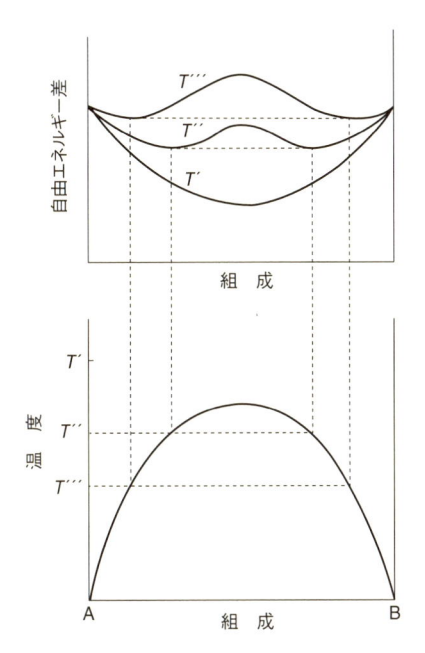

図 8.9 固溶体の自由エネルギー差とソルバスの関係

エネルギーをもつ．したがって，この場合はどの組成でも固溶体が安定なので，完全固溶体となる．しかし，図 8.8c の $\Delta H(X) > 0$ の場合は，ΔH が $-T\Delta S$ と異符号になるので事情が違ってくる．高温（T が大きい）間は $-T\Delta S$ がまさるために ΔG はどの組成でも下に凸であるが，低温（T が小さい）になると ΔG が逆に上に凸になる組成領域が現れる．そのため，図 8.8c の ΔG で共通接線で決まる組成 X_1 と X_2 の間の組成では，その組成の固溶体よりも X_1 と X_2 の 2 つの組成の固溶体に分かれたほうが自由エネルギーが低くなる．これが高温で完全固溶体であるものが，低温で 2 相に分かれる理由である．図 8.9 に，固溶体の自由エネルギー差とソルバスの関係を図示する．温度の上昇とともにソルバスが狭まり，ある温度を超えると，2 相共存領域がなくなることが理解できるであろう．

# 第9章 鉱物の相変態

9.1 相変態のメカニズム

温度や圧力などの変化により，鉱物が別の構造の相に変わることを**相変態**（phase transformation）という．この相変態とよく似た言葉に，**相転移**（phase transition）がある．どちらも同じ意味で使われる場合もあるが，強いていえば，相変態は分解反応のような新たに出来る相に化学組成の変化が起きる場合も含めて使うのに対し，相転移の場合は新たに出来る相が化学組成の変化を伴わない場合に使う場合が多い．ここでは，化学組成の変化も含めた鉱物の構造変化全般について相変態として取り扱う．

相変態を分類するとき，しばしば以下のような分類がなされる．
 (1) **拡散型相変態**（diffusional transformation）か**無拡散型相変態**（diffusionless transformation）（または**マルテンサイト型相変態**（martensitic transformation））か
 (2) **再編成型相変態**（reconstructive transformation）か**変位型相変態**（displacive transformation）か
 (3) **1次の相変態**（first-order transformation）か**2次の相変態**（second-order transformation）か

（1）の拡散型は，個々の原子が拡散（少なくとも原子の大きさ程度は移動）することによって起きる相変態であるのに対し，無拡散型では原子は拡散せず少し位置を変えることによって起きる相変態である．無拡散型はしばしばマルテ

ンサイト型ともいわれる．マルテンサイト型とは，もともとは高温で立方面心格子の Fe–C 系のオーステナイトを急冷すると，常温で安定な立方体心格子のフェライトでなく，組成を保ったまま準安定な正方体心格子のマルテンサイトに相転移してしまうことにちなんで付けられた名である．特徴的なことは，相変態が個々の原子の拡散によって起こるのではなく，巨視的協力的なせん断変形によって起こり，相変態の前後の相が互いに決まった結晶方位関係にあることや，相変態の進行が非熱活性型（特定の温度で瞬時に起こるもので，時間とともに進行することはない）であることである．一般に相変態は拡散型が多く，無拡散型はいくつかの合金などで見られる．

(2) はもっと違いがはっきりしており，母相での原子間の結合を切って相変態が起きるのが再編成型であるのに対し，変位型は母相での原子間の結合を切らずに原子の変位だけで起きる相変態である．この場合も，一般的には再編成型の相変態が多く，これらの相変態は進行が遅くて，温度や圧力が変化して安定領域が変わっても，すぐには相変態の起きない傾向がある．それに対し，変位型の相変態は，安定領域が変わるとすぐに相変態するが，必ずしも本来の安定相になるとは限らず，しばしば準安定な相になることが知られている．変位型の例としては，SiO_2 の多形である**クリストバライト** (cristobalite)，**トリディマイト** (tridymite)，**石英** (quartz) のそれぞれでの高温型–低温型相変態，**ピジョナイト** (pigeonite) (Mg, Fe)SiO_3 における高温型–低温型相変態，ペロブスカイト構造における立方–正方，正方–直方（斜方）の相変態などが知られている．

(3) では，相変態に際し，自由エネルギーの 1 次微分が不連続か，それとも 2 次微分が不連続かで区分する．自由エネルギーの 1 次微分としては，(8.11) や (8.12) 式にあるような体積 V やエントロピー S がよく用いられる．また，2 次微分としては，次式で定義される定圧比熱 C_p などが用いられる．

$$\left(\frac{\partial^2 G}{\partial T^2}\right)_p = -\frac{C_p}{T} \tag{9.1}$$

これら 3 つの分類は，実は互いに別々の分類ではなく，同じ相変態をそれぞれ違った面から見たときの違いともいえる．したがって，互いに相関があり，拡散型相変態はたいてい再編成型であり，1 次の相変態であって，相変態の進行する速さが遅い．それに対し，無拡散型相変態は，おおむね変位型であるが，相変態の次数に関しては，1 次と 2 次の両方がある．また，相変態の進行する速

さは速く，高温や高圧から常温，常圧への急速な変化の際でも起こり，しばしば準安定な相が出現する．

さらに最近，上記の構造相転移のほかに，結晶構造中の原子の電子状態の変化として，遷移金属原子のスピン状態が変化する**スピン転移**（spin transition）や，金属–絶縁体転移である**モット**（Mott）**転移**などの報告もある．とくに，鉱物中の鉄のスピン転移は，地球深部の鉱物の構造や物性に深く関わることとして，関心が高まっている．

9.2 相変態の速度論

9.2.1 相転移の活性化エネルギー

相変態を考える場合，そのメカニズムとともに，それが時間とともにどのように進むかという速度論も重要である．相変態が起きるとき，図 9.1a にあるように，温度が下がるときには，A, B 両相の自由エネルギーが等しくなる温度 T_c で B から A への相変態が始まり，逆に温度が上がるときには同じ T_c で A から B への相変態が始まるような場合を**可逆的相変態**（reversible transformation）といい，図 9.1b にあるように温度が下がるときに，T_c をある程度通り越してから相変態が起きるような場合は，**不可逆的相変態**（irreversible transformation）という．実際には，どのような相変態でも多少の遅れ，図 9.1b の場合でいえば過冷却，を伴うのが普通である．

一般に相変態速度には，熱活性型とそうでないタイプがあり，熱活性型の相変態速度は，反応速度式でしばしば用いられるように

$$\text{相変態速度} \propto K \exp\left(\frac{-\Delta G_A}{RT}\right) \tag{9.2}$$

の関係にある．ここに K は定数，ΔG_A は相変態の活性化エネルギーとよばれ，相変態が進行するために越えなければならないエネルギーの山であり，R は気体定数，T は絶対温度である．活性化エネルギー ΔG_A の意味を表したのが，図 9.2 である．図 9.2 で，横軸は反応座標，縦軸は相の自由エネルギーを表す．反応座標は，反応の進行状態を表すもので，相変態の場合は相変態に伴う原子の位置を表すと考えてもよい．図 9.2 は，図 9.1b で温度が T_c より少し下がった

9.2 相変態の速度論

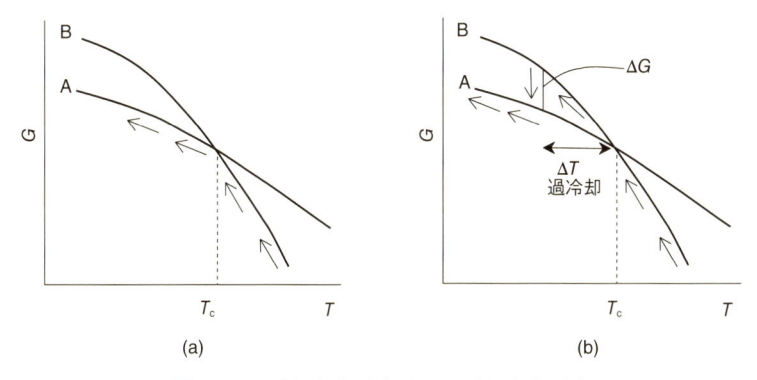

図 9.1 可逆的変化（a）と不可逆的変化（b）

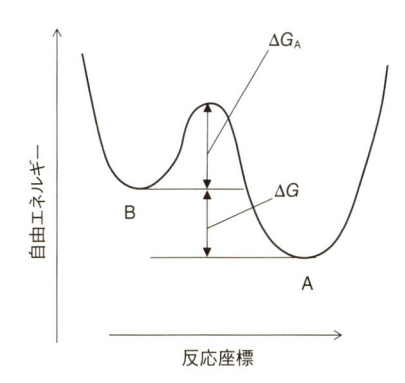

図 9.2 活性化エネルギー
ΔG_A が相変態の活性化エネルギー．

ところで B から A への相変態を起こすような場合に相当する．この条件下では，相 A が安定相なので相 B よりは ΔG だけ低いエネルギー状態にある．しかし相 B が安定な相 A に変わるためには，あるエネルギーの山 ΔG_A を越えなければならない．このエネルギーの山のことを，相変態の活性化エネルギーという．この活性化エネルギーは，相変態がどのようなプロセスで進むかに依存しており，温度，圧力のような状態量ではない．一般には，相 B と A の構造が異なるほど，活性化エネルギーは高くなる．また，相 B と A の自由エネルギー差 ΔG は相変態の駆動力としてはたらく．以下に，簡単な結晶成長理論により，

111

第 9 章　鉱物の相変態

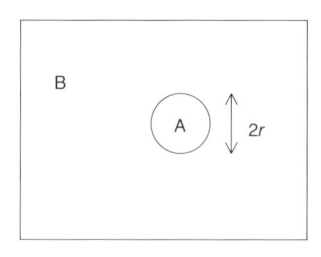

図 9.3　母相 B 中にできた半径 r の新相 A の模式図

ΔG が新たに出来る相 A の臨界核の大きさにどう関係し，したがって相変態の速度にどう関係するか，見てみよう．

図 9.3 は，図 9.1b で B 相が温度の低下により A 相が安定な領域に入り，B 相中に半径 r の A 相ができた場合を示す．今，A 相と B 相の単位体積あたりの自由エネルギーの差を ΔG（$= G_\mathrm{A} - G_\mathrm{B} < 0$）とし，A と B の間の単位面積あたりの界面エネルギーを σ（> 0），小さな A の粒子が B 中に出来ることによる単位体積あたりの歪のエネルギーを ε（> 0）とすると，半径 r の A の粒子が出来ることによる系の自由エネルギーの変化 $\Delta G(r)$ は，以下のように表せる．

$$\begin{aligned}
\Delta G(r) &= \Delta G_\mathrm{volume} + \Delta G_\mathrm{surface} + \Delta G_\mathrm{strain} \\
&= \frac{4}{3}\pi r^3 \Delta G + 4\pi r^2 \sigma + \frac{4}{3}\pi r^3 \varepsilon \\
&= \frac{4}{3}\pi r^3 (\Delta G + \varepsilon) + 4\pi r^2 \sigma
\end{aligned} \tag{9.3}$$

上式で，右辺の 1 行目の第 1 項は，B 相が A 相に変わることによる自由エネルギーの減少，第 2 項は界面が出来ることによる増加，第 3 項は粒子 A が歪むことによる自由エネルギーの増加である．そこで，右辺の 3 行目のように，A 粒子の半径 r の 3 次の項と 2 次の項にまとめると，図 9.4 に見るように r が小さいうちは 2 次の項の影響で $\Delta G(r)$ は増加するが，r が大きくなるにつれて今度は 3 次の項の影響で $\Delta G(r)$ は極大値を経て減少する．そこで，$\Delta G(r)$ が極大となるのは，$\mathrm{d}(\Delta G(r))/\mathrm{d}r = 0$ となるときなので，

$$\frac{\mathrm{d}(\Delta G(r))}{\mathrm{d}r} = 4\pi r^2 (\Delta G + \varepsilon) + 8\pi r \sigma = 0 \tag{9.4}$$

より，$\Delta G(r)$ が極大値 ΔG^* となるときの r を r_c とすると，

9.2 相変態の速度論

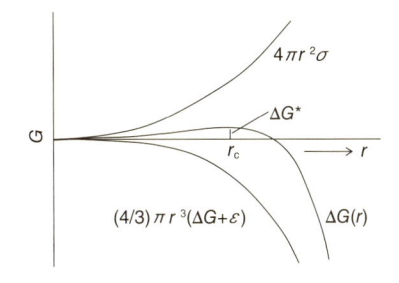

図 9.4 A 粒子の半径と自由エネルギー変化の関係

$$r_c = \frac{-2\sigma}{\Delta G + \varepsilon} \quad (9.5)$$

$$\Delta G^* = \frac{(16\pi/3)\sigma^3}{(\Delta G + \varepsilon)^2} \quad (9.6)$$

となる．この r_c を臨界半径，そのときの A 粒子を**臨界核**（critical nucleus），ΔG^* を**臨界エネルギー**（critical energy）という．A 粒子は，この ΔG^* を超えると安定的に成長するので，ΔG^* が核形成の活性化エネルギーとなる．図 9.1b で，ΔG は過冷却の程度 $T_c - T$ にほぼ比例するので，(9.5) と (9.6) 式を考慮すると，核形成が起きる温度以上で過冷却の程度が大きければ大きいほど，臨界核は小さく，また核形成の活性化エネルギーも小さくなるので，低温相ができやすくなる．なお，このような臨界核の形成とその後の成長をひとつのまとまったプロセスとして，**核形成と成長**（nucleation and growth）という．このような核形成が母相内の至るところにランダムに起きる場合を，**均一核形成**（homogeneous nucleation）といい，そうではなく核形成が母相内の欠陥など特定の場所で起きる場合を，**不均一核形成**（heterogeneous nucleation）という．

自然界においては，安定相の代わりに，安定相よりは自由エネルギーの高い相が出現することがしばしばある．こうした相のことを，**準安定相**（metastable phase）という．たとえば，石英 SiO_2 の高温相であるトリディマイトを急冷すると，安定な石英の代わりにトリディマイトと構造の似た低温型トリディマイトができたり，約 1,000℃ 以上で安定なプロトエンスタタイト $MgSiO_3$ を急冷すると，安定相である直方（斜方）エンスタタイトの代わりに単斜エンスタタイトができるなどの例である．こうした準安定相が出来る理由も，相変態の活

第 9 章　鉱物の相変態

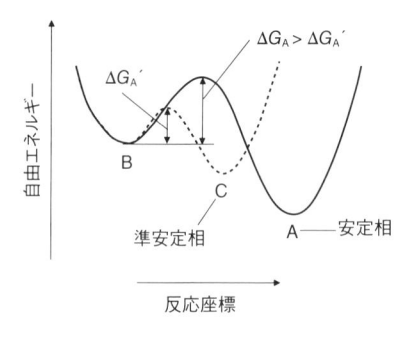

図 9.5　準安定相の活性化エネルギー

性化エネルギーによって説明することができる．安定相の代わりに出現する準安定相は，安定相より相変態前の相に構造が近いのが一般的である．そうすると，図 9.5 に示すように，準安定相の活性化エネルギー $\Delta G'_A$ は安定相の活性化エネルギー ΔG_A より小さいため，安定相より相変態が早く進むので準安定相が出現すると考えられる．

9.2.2　一般的な相変態の速度論

実際に天然や実験における鉱物の相変態を解析するときによく用いられる式として，時間 t までに相変態した相の割合（相転移率）を y としたときに，y を以下のように表す式が用いられる．

$$y = 1 - \exp(-kt^n) \tag{9.7}$$

ここに，k は速度定数，n は相変態のメカニズムに関係する定数である．(9.7) 式は，しばしば**アブラミの式**（Avrami equation）とよばれるが，最近は，この式を導いた 4 名 Kolmogorov, Johnson, Mehl, Avrami の頭文字を取って，**KJMA の式**（KJMA equation）とよぶようになってきている．この式は，等温下における鉱物の相転移や分解，相分離などの相変態の速度の解析に幅広く用いられる．(9.7) 式の両辺の自然対数を取っていくと，(9.8) 式が得られる．そこで，実験データをもとに $\ln\{-\ln(1-y)\}$ を $\ln t$ 座標に対してプロットすると，それらのプロット図の切片と傾きから速度定数 k やメカニズムに関する定数 n を実験的に求めることができる．

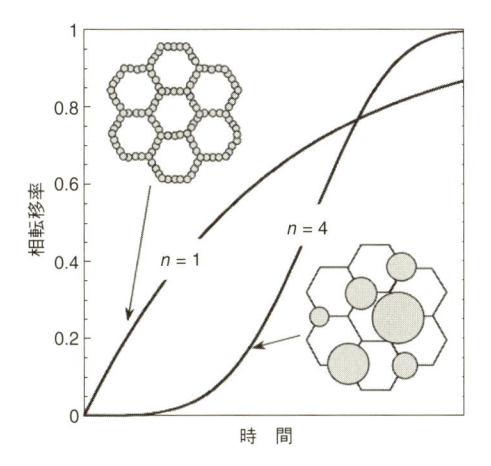

図 9.6 アブラミ（KJMA）の式による相転移率の変化と予想される組織 Cahn (1956) のモデルに基づく．（久保，2007）

$$1 - y = \exp\{-kt^n\}$$
$$\ln(1-y) = -kt^n$$
$$\ln\{-\ln(1-y)\} = \ln k + n \ln t \tag{9.8}$$

図 9.6 は，Cahn (1956) が KJMA の式を結晶粒界から起こる相転移に適用した場合を図式化したもので（久保，2007），異なる n の値による相転移率の時間変化と，そのときに予想される相転移組織を示している．図の $n=1$ は，初期に母相結晶粒界全体に転移相の核が発生して核の生成が飽和し，以後は反応縁が 1 次元成長するような場合である．それに対し，$n=4$ は核が粒界コーナーにのみ生成して核の発生が飽和することなく 3 次元的に球状成長する場合である．

9.3 鉱物の相変態と地球内部の層構造

鉱物の相転移あるいは相変態にはさまざまなタイプがあり，地球惑星科学におけるさまざまな現象に関係している．とくに，ミクロな鉱物の相変態が，地球や他の惑星の層構造という非常にマクロな現象のもとになっているのは興味深い．地球の層構造は，地震波の不連続面によって定義づけられる．不連続面

第 9 章　鉱物の相変態

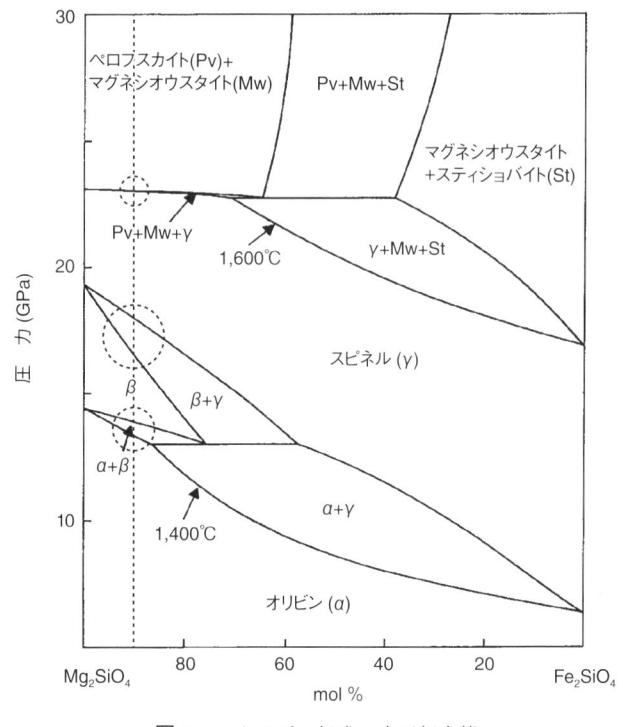

図 9.7　オリビン組成の高圧相変態
（赤荻（2003）に補筆）

といっても，実際は狭い深さ範囲で地震波速度が急に変わっているのであって，不連続であるわけではない．地球内部マントルには，深さ 400 km と 670 km に不連続面があり，400 km と 670 km の間には遷移層とよばれる地震波の急増地帯がある．これらの不連続面または急増地帯は，地球や惑星内部を構成する物質の相変態によってひき起こされると考えられる．図 9.7 はオリビンにおける相変態が，地球内部のそれらの地震波の不連続面にどう対応しているかを示した図である．この図に基づき，地震波の不連続面と鉱物の相変態がどのように関係しているか，以下に見てみよう．

　オリビンは地球の上部マントルの大部分を占める鉱物で，Mg_2SiO_4–Fe_2SiO_4 系の固溶体として存在する．このオリビン構造（α 相）は，図 9.7 に見るように，

圧力の上昇とともに変形スピネル構造（β 相）のワズレーアイト（wadsleyite），さらにスピネル構造（γ 相）のリングウッダイト（ringwoodite）に相転移する．ただし，高圧でオリビンがどの相に転移するかは，組成によって異なる．図の 1,400 ℃ではマグネシウム端成分から $Mg_{86}Fe_{14}$ までは α 相は変形スピネル構造（β 相）に相転移し，この相はさらに高圧でスピネル構造（γ 相）に転移するが，$Mg_{86}Fe_{14}$ から鉄（Fe）端成分にかけては，α 相から最初に相転移で出現するのは γ 相になる．地球の上部マントルでは，Mg/Fe 比はおよそ 90/10 と考えられるので，図 9.7 で点線で示した Mg/Fe 比が 90/10 のところをたどっていくと，圧力の増大とともにオリビンが約 13～14 GPa にかけて β 相に変わっていくと予想される．これは，深さ 400 km の不連続面に対応する．さらに β 相は 16～18 GPa にかけて γ 相に相変態するが，これは深さ 400～660 km の遷移層における地震波速度の急速な増加にある程度寄与していると考えられる．さらに β 相はより高温の 1,600 ℃での狭い 3 相領域を経てペロブスカイト相 $(Mg, Fe)SiO_3$ と**フェロペリクレス**（ferropericlase, 以前は**マグネシオウスタイト**（magnesiowüstite）だったが最近はこうよぶ）相 $(Mg, Fe)O$ に分解するが，この狭い 3 相領域が，深さ 660 km の不連続面に対応していると考えられている．

　これらの相変態がどのようなメカニズムで起きるかを知ることは，マントルでの相変態の進行速度や相変態後の生成物の粒子サイズなど，マントルのダイナミクスを考えるうえで大事なことである．そこで，上記の相転移のうち，相転移のメカニズムについてこれまで最も研究されているオリビン（α），変形スピネル（β），スピネル（γ）間の転移について，少し詳しく見てみよう．

9.3.1　オリビン（α）-スピネル（γ）転移

　図 9.7 に見るように，地球内部においては組成を考えると，オリビン（α）は圧力の増加とともに**変形スピネル**（modified spinel）（β）に相転移したのち，さらにスピネル（γ）相になる．しかし，過去の研究の歴史を振り返ってみると，当初オリビンの高圧転移のメカニズムが研究されたのは，オリビン（α）-スピネル（γ）転移についてであった．その理由は，以下のような事情によるものと思われる．高圧実験が行われるようになった当初，発生できる高圧条件，とくにマルチアンビル装置（11.2 節参照）による高圧は，それほど高くなかった．そこで，高圧相転移するオリビン構造の実験試料として，Mg_2GeO_4 や Fe_2SiO_4

第 9 章　鉱物の相変態

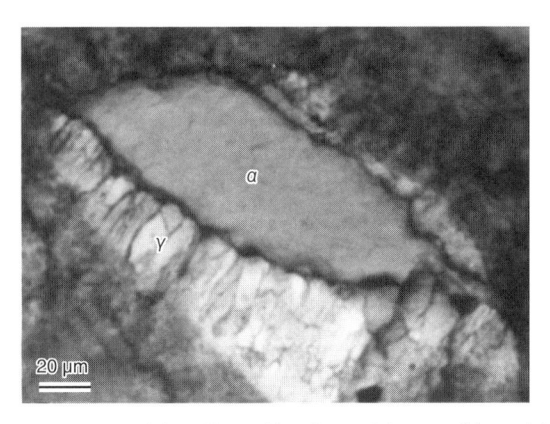

図 9.8　オリビン（α）の粒界に核形成した微細なスピネル（γ）相
Co_2SiO_4 を，6.2 GPa，1,200℃（γ 領域）で処理．中心のオリビン単結晶の粒界に微細なスピネル相が生成．(Remsberg et al.,1988)

のように低い圧力で転移する物質が選ばれた．これらの試料の多くは，オリビン構造が β 相を経ずに直接 γ 相に相転移するものであった．

そこで，まずオリビン（α）–スピネル（γ）転移のメカニズムについて取り上げてみる．オリビン（α）がスピネル（γ）相に転移するメカニズムに関して，これまでおもに2つのタイプが報告されている．ひとつはオリビンの粒子の界面に γ 相の細かな粒子がランダムな結晶方位で成長するタイプ（図 9.8）であり，もうひとつはオリビンの粒子の内部に細かな板状の γ 相がオリビンと特定の結晶方位関係をもってできる場合（図 9.9）である．これら2つのタイプの相転移は，前者が結晶粒界での**非整合核形成**（incoherent nucleation）と成長のメカニズム（先の分類でいえば，拡散型あるいは再編成型相変態），後者は結晶内マルテンサイト型変態のメカニズムといわれてきた．ここで，整合，非整合とは，生成相が母相と特定の方位関係をもつか，もたないかをいう．そして，相転移がこれら2つのタイプのどちらになるかを支配する要因として，相転移時の差応力が考えられ，差応力が小さいときはオリビン粒界での非整合核形成と成長が支配的で，差応力が大きいときはオリビン粒内でのマルテンサイト型相転移が支配的と考えられた．

しかしその後，後者については，マルテンサイト型とするほどのはっきりとした根拠がないためか，最近では結晶内**整合核形成**（coherent nucleation）と

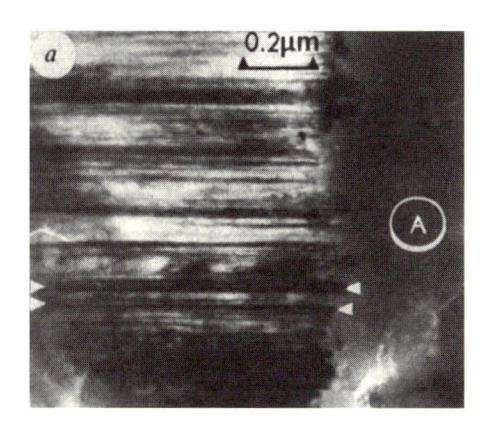

9.3 鉱物の相変態と地球内部の層構造

図 9.9 オリビン（α）中にラメラ状にできたスピネル（γ）相
白い部分がオリビン，黒いラメラ状の部分が γ 相．Mg_2SiO_4 を，22 GPa，1,000 ℃（γ 領域）で処理．図で水平なオリビンの（100）面と γ 相の（111）面（ともに酸素の最密充填層）が，方位を揃えている．Ⓐ は電子線で非晶質化した部分．(Boland and Liu, 1983)

成長のメカニズムという場合が多い．また，どちらのタイプで相転移が起きるかの原因についても，相転移時の差応力の大小もさることながら，相転移時の圧力温度条件が両者の相境界からどれだけはずれているか（両者の自由エネルギー差がどれだけ大きいか）が関係し，相境界から大きく離れていると結晶内整合核形成と成長による転移が卓越するとの見方が出てきている．もしそうだとすると，相境界から離れていることで平衡からの自由エネルギー差が大きくなり，γ 相の核形成のための活性化エネルギーが小さくなることが，オリビン粒内における整合核形成に有利にはたらくためかもしれない．

9.3.2 オリビン（α）-変形スピネル（β）転移

高圧合成条件の圧力上昇に伴い，オリビン構造の実験試料が，地球マントル本来の $(Mg, Fe)_2SiO_4$ 組成になるにつれて，オリビン（α）-変形スピネル（β）転移のメカニズムの報告も増えてきた．それによると，この場合の転移のメカニズムは，オリビン粒界での β 相の非整合核形成と成長がほとんどであるが（図 9.10），合成条件がオリビンと β 相の相境界から離れていると β 相がオリビンの粒界に非整合核形成と成長によってできるのに加えて，オリビン粒内にも面欠陥に沿って γ 相の整合核形成による板状ラメラができ，そこから β 相が整合

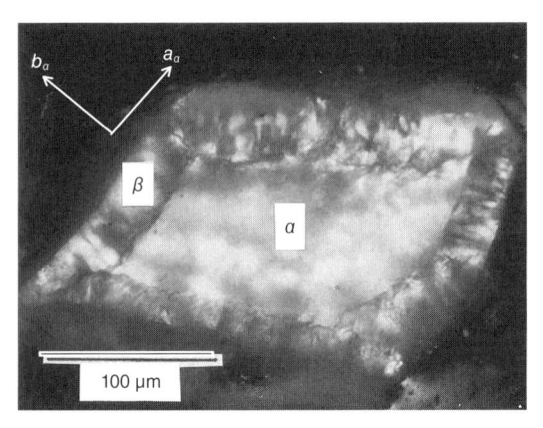

第 9 章　鉱物の相変態

図 9.10　オリビン（α）の粒界に核形成した変形スピネル（β）相
Mg$_2$SiO$_4$ を，15.5 GPa，1,000℃（β 領域）で処理．中心のオリビン単結晶の粒界に微細な変形スピネル相がランダムに生成．（Fujino and Irifune, 1990）　　　（カラー図は口絵 2 参照）

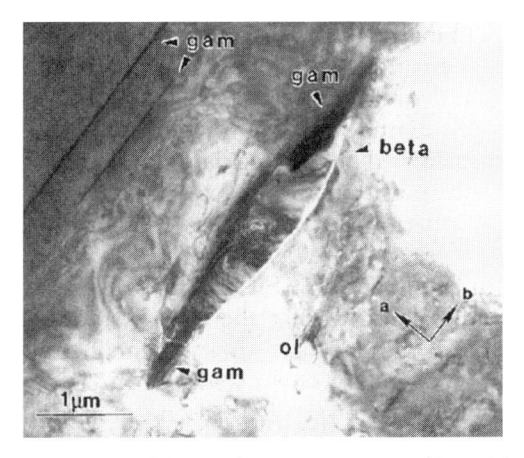

図 9.11　オリビン（α）の粒内に生成したしたスピネル（γ）相と変形スピネル（β）相
Mg$_{1.8}$Fe$_{0.2}$SiO$_4$ を，18～20 GPa，1,000～1,100℃（γ 領域）で処理．オリビン単結晶（ol）の粒内にスピネル（γ）相（図で gam）の整合ラメラができ（オリビンの（100）面に γ の（111）面が平行），そこに変形スピネル（β）相（図で beta）が生成．（Kerschhofer et al., 1996）

的あるいは非整合的に核形成するとの報告もある（図 9.11）．さらに，オリビンが水を含む場合は，オリビン粒内に β 相の整合ラメラができるとの報告もある．いずれにしろ，オリビンと β の相境界からより高圧側にはずれた圧力温度

条件では，オリビン粒内でのβないしγ相への相転移が促進されるのかもしれない．このことは，沈み込むスラブ内でオリビンが低温のためβやγ相の安定領域に準安定なまま存続していった場合にどうなるかということにつながる問題であるが，まだ統一的な解釈は得られていない．さらに，オリビン（α）-変形スピネル（β）または-スピネル（γ）転移が深発地震（約200km以深で起きる地震）に関係しているとの説もあるが，これもまだなぞに包まれたままである．

9.4 高圧下における鉱物中の鉄のスピン転移

　これまでに述べてきたのは，いずれも構造相転移であった．それらの構造相転移に加えて，近年鉱物中の主要な遷移金属である鉄の電子状態の転移として，スピン転移が脚光を浴び，とくに下部マントル構成相の物性や鉄分配などへの影響についていろいろと議論されているので，それについて簡単に紹介する．スピン転移については，理論的にはこうしたことが起きうることは1960年代あたりからいわれてきたが，近年の放射光の発展により，強力なX線源ができたことで，実験的に検証可能なことが2003年ごろから明らかになり，一挙に脚光を浴びるようになった．

　7.1節の「原子の構造」で説明したように，遷移金属といわれる原子は，電子のd軌道やf軌道がそれらより主量子数の大きなs軌道より外側にも分布する．そのため，エネルギーの低いそれらのs軌道が先に埋まって，d軌道やf軌道が閉殻にならないという現象が起きる．そうした遷移金属で，スピン転移といわれる現象が起きる．これを，地球構成物質においてスピン転移が典型的にみられる八面体位置でのFe^{2+}を例に述べる．金属鉄は原子核の周りに26個の電子をもっており，内側から順に1s（2個），2s（2個），2p（6個），3s（2個），3p（6個），3d（6個），4s（2個），…の軌道をもっている（表7.2）．それらの軌道に入りうる電子の数は，各軌道に$+1/2$と$-1/2$のスピンをもつ電子が入るため，上記の（　）内に示した数になる．金属鉄の場合は，電子は内側から順に3p軌道までは占めるが，そのあとは4s軌道を先に占め，そのあとで3d軌道を占める．そこでFe^{2+}では，4s軌道の2つの電子が失われて，1番外側の軌道には3d軌道に6個の電子が残る．

　このFe^{2+}が球対称場にあるときは，5つの3d軌道のエネルギーはすべて同

第 9 章 鉱物の相変態

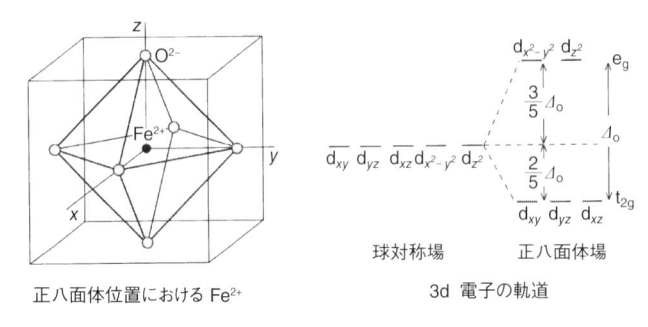

図 9.12 正八面体位置における Fe^{2+} の 3d 電子の軌道

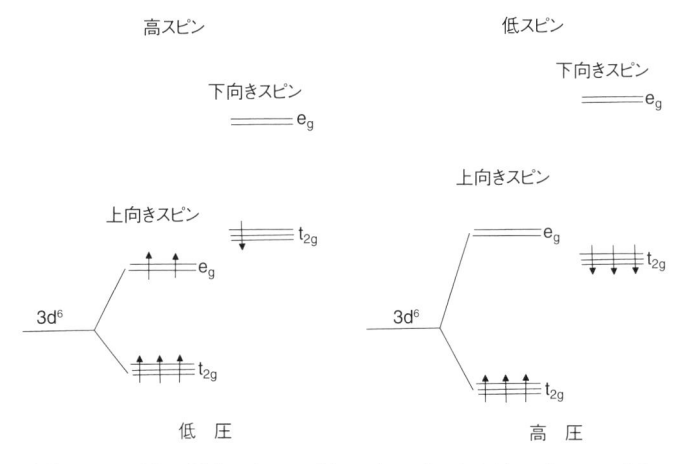

図 9.13 圧力の増大による Fe^{2+} の高スピンから低スピンへの変化

じ（縮重しているという）で，電子はそれらの軌道にランダムに分布していると考えられる．しかし Fe^{2+} が図 9.12 のような正八面体位置に置かれると，縮重していた 5 つの 3d 軌道のエネルギーは 2 つに分裂し，配位子の酸素イオンを避ける方向に分布したエネルギーの低い t_{2g} 軌道と酸素イオンに向かう方向に分布したエネルギーの高い e_g 軌道に分かれる．これを，**結晶場分裂**（crystal-field splitting）という．このとき，低圧ではスピン数 1/2 の電子がエネルギーの低い t_{2g} 軌道を先に占め，4 個目の電子からはスピン数 1/2 の電子がエネルギーの高い e_g 軌道を占める（図 9.13）．4 番目以降の電子がなぜスピン数 $-1/2$ となってエネルギーの低い同じ t_{2g} 軌道を占めないかというと，スピン数 $+1/2$ と

−1/2 の電子が同じ軌道を占めると電子間の反発が生じて，低圧での"下向きスピン"と書いたところに示すように，かえってエネルギーが高くなるからである．そのため，e_g 軌道がすべてスピン数 +1/2 の電子で占められた後に 6 個目の電子がスピン数 −1/2 となって，下向きスピンの t_{2g} 軌道を占める．このとき，トータルのスピン数は，$(1/2) \times 4 = 2$（高スピン）となる．しかし高圧になると，Fe^{2+} と配位子の酸素イオンとの距離が縮まり，結晶場分裂は Fe^{2+} と配位子との距離の 5 乗に反比例して拡大するので，高圧のところに示すように，上向きスピンの e_g 軌道と下向きスピンの t_{2g} 軌道との間にエネルギーの逆転が起きる．このため，4 番目以降の電子はスピン数 −1/2 となって下向きスピンの t_{2g} 軌道を占める．この結果，トータルのスピン数は，+1/2 と −1/2 が打ち消しあって 0（低スピン）となる．

実際，正八面体位置をもつ下部マントルの構成相であるフェロペリクレス (Mg, Fe)O は，約 40〜80 GPa で高スピンから低スピンになることが実験的に確かめられている．下部マントルの他の構成相である Mg–ペロブスカイトやポスト–Mg–ペロブスカイトでも，八面体サイトを占める Fe^{3+} がスピン転移を起こす可能性がある．

第10章 鉱物の物性

　伝統的には，鉱物の物性というと，鉱物の色，光沢，硬度，密度，へき開などを対象とした．しかし物質科学的には，鉱物の光学的性質や熱的性質，あるいは電気的・磁気的性質や弾性的性質，塑性的性質などの基本的な物性を知ることが重要である．鉱物の光学的性質は岩石学などの本で取り扱われており，また塑性的性質については本シリーズの第10巻『地球のテクトニクスⅡ 構造地質学』や第14巻『地球物質のレオロジーとダイナミクス』で取り扱われているので，ここでは鉱物の熱的性質，弾性的性質，および電気的・磁気的性質について述べる．

10.1 熱的性質

　物質は温度の上昇により，長さや体積が熱膨張する．鉱物も同様である．温度の上昇による長さの膨張は，**線膨張係数**（linear expansion coefficient）

$$k_l = \frac{1}{l}\frac{dl}{dT} \tag{10.1}$$

で表す．ここに l は物質の長さ，T は絶対温度である．つまり k_l は温度による長さの相対的増加率といってよい．k_l は結晶内の方向によっており，原子間の結合の弱い方向ほど k_l は大きい．同様に，温度の上昇による体積 V の膨張は，**体積膨張係数**（volume expansion coefficient）

$$k_V = \frac{1}{V}\frac{dV}{dT} \tag{10.2}$$

として表される．一般に，$V \propto l^3$ の関係があるので，$k_V = 3k_l$ の関係がある．

また物質中に温度勾配があるとき、ある点で単位時間に単位面積を流れる熱量 Q は

$$Q = -k \frac{dT}{dx} \tag{10.3}$$

となる．ここに x は温度勾配がある方向の距離で，比例係数の k を**熱伝導率**（thermal conductivity）といい，単位は J (m deg s)$^{-1}$ で表す．熱伝導率は結晶内の方向により異なり，原子間の結合の強い方向ほど大きい．

10.2 弾性的性質

物質の弾性的性質を議論するときには，物質にかかる**応力**（stress）とその結果生ずる物質の**歪**（strain）が問題になる．また，10.3 節で述べる状態方程式では，歪の定義が重要である．応力と歪については，本シリーズの第 10 巻でも触れられているが，そこではおもにレオロジーの立場から取り上げられており，以下に述べる物質の弾性的な性質や状態方程式での取り上げ方とはやや異なる．そこで，以下に弾性論的な立場からの応力と歪について述べる．紙面の都合から，以下ではあまり厳密な議論には立ち入らないので，さらに詳しいことは，本シリーズ第 14 巻『地球物質のレオロジーとダイナミクス』を参照されたい．

応力は，物質にはたらく単位面積あたりの力である．図 10.1 に見るように，x, y, z の直行座標系で単位の長さの立方体を考えた場合，各 x, y, z 方向の単

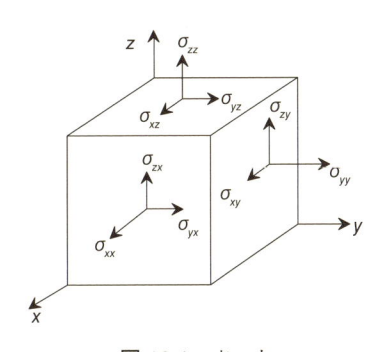

図 10.1 応 力

第 10 章　鉱物の物性

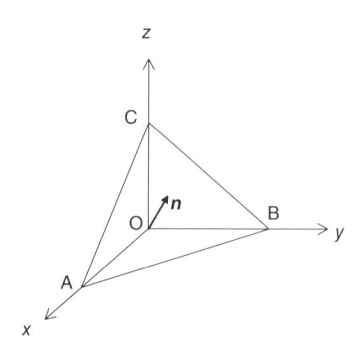

図 10.2　任意の面における応力

位面積にかかる力を x, y, z 方向に分解して表現する．たとえば，σ_{xy} は y 軸に垂直な面にかかる x 方向の力である．これらのうち，$\sigma_{xx}, \sigma_{yy}, \sigma_{zz}$ を引張りまたは圧縮応力，σ_{xy}, σ_{yz} などをせん断応力という．図 10.2 に示すような結晶内の任意の面 ABC における応力については，その面とそれぞれの軸に垂直な面で囲まれた三角錐にはたらく力のつり合いから求めることができる．今，面 ABC における応力を τ_1 τ_2 τ_3 （1, 2, 3 は x, y, z 軸方向）とし，面の法線 $\bm{n}$ の方向余弦を n_1, n_2, n_3 とする．すると，面 ABC とそれぞれ軸 1, 2, 3 に垂直な面（面 OBC, OCA, OAB）の面積比は，$1:n_1:n_2:n_3$ になるので，i 軸方向にはたらく三角錐の各面での力の合計は 0 になることから，

$$\tau_i - \sigma_{i1}n_1 - \sigma_{i2}n_2 - \sigma_{i3}n_3 = 0 \tag{10.4}$$

となる．したがって，

$$\tau_i = \sigma_{i1}n_1 + \sigma_{i2}n_2 + \sigma_{i3}n_3$$

となり，まとめると，

$$\begin{pmatrix} \tau_1 \\ \tau_2 \\ \tau_3 \end{pmatrix} = \begin{pmatrix} \sigma_{11} & \sigma_{12} & \sigma_{13} \\ \sigma_{21} & \sigma_{22} & \sigma_{23} \\ \sigma_{31} & \sigma_{32} & \sigma_{33} \end{pmatrix} \begin{pmatrix} n_1 \\ n_2 \\ n_3 \end{pmatrix} \tag{10.5}$$

となる．このように，任意の面の応力は，σ_{ij} と面の方向余弦を使って表すことができる．今，物質に回転の力はかかってないので，それぞれの軸の周りの

10.2 弾性的性質

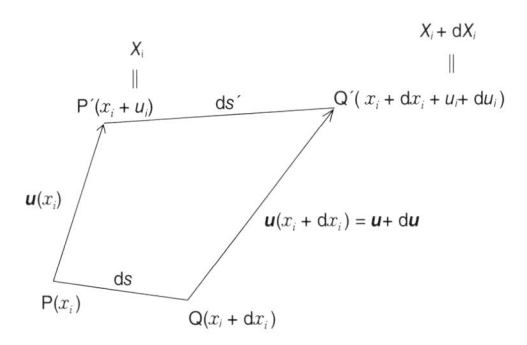

図 10.3 変位ベクトル $\boldsymbol{u}$ による P, Q 点の変位

モーメントが 0 であることより,

$$\sigma_{ij} = \sigma_{ji} \tag{10.6}$$

であり，9 つの σ_{ij} のうち，独立なものは 6 つである．

次に歪であるが，歪は物質の変形によって生ずる．今，点 $\mathrm{P}(x_1, x_2, x_3)$（以後 (x_i) と表す）とそのごく近くにあった点 $\mathrm{Q}(x_i + \mathrm{d}x_i)$ が，変位ベクトル $\boldsymbol{u}$ により変形して点 $\mathrm{P}'(X_i)$ と点 $\mathrm{Q}'(X_i + \mathrm{d}X_i)$ に移ったとする（図 10.3）．このとき，X_i, x_i, u_i の間には，以下の関係がある．

$$X_i = x_i + u_i \tag{10.7}$$

物質の変形の記述の仕方には，変形物質といっしょに動く座標系による**ラグランジュ記述**（Lagrange description）と，空間に固定した座標系による**オイラー記述**（Euler description）とがある．実験の解析には変形した試料の形状に基づいて解析するのが普通なので，ここではオイラー記述に従って変形後の座標 X_i を独立座標とし，変形前の座標 は $x_i = x_i(X_i)$ として扱う．

すると，それぞれ変形前の P, Q 点間の距離 $\mathrm{d}s$ と変形後の P', Q' 点間の距離 $\mathrm{d}s'$ の 2 乗の差は，以下のように表すことができる．

$$\begin{aligned}
\mathrm{d}s'^2 - \mathrm{d}s^2 &= \sum_{i=1}^{3}(\mathrm{d}X_i)^2 - \sum_{i=1}^{3}(\mathrm{d}x_i)^2 = \sum_{i=1}^{3}(\mathrm{d}X_i)^2 - \sum_{i=1}^{3}\left(\sum_{j=1}^{3}\frac{\partial x_i}{\partial X_j}\mathrm{d}X_j\right)^2 \\
&= \sum_{i=1}^{3}\sum_{j=1}^{3}\left(\delta_{ij} - \sum_{k=1}^{3}\frac{\partial x_k}{\partial X_i}\frac{\partial x_k}{\partial X_j}\right)\mathrm{d}X_i\,\mathrm{d}X_j \tag{10.8}
\end{aligned}$$

第 10 章　鉱物の物性

上式は加算の添字と順番を入れ替えても，値は変わらないことを利用している．歪 ε_{ij} は，ds', ds により以下のように定義される．

$$ds'^2 - ds^2 = 2 \sum_{i=1}^{3} \sum_{j=1}^{3} \varepsilon_{ij} \, dX_i \, dX_j \tag{10.9}$$

したがって

$$\varepsilon_{ij} = \frac{1}{2} \left(\delta_{ij} - \sum_{k=1}^{3} \frac{\partial x_k}{\partial X_i} \frac{\partial x_k}{\partial X_j} \right) \tag{10.10}$$

この歪を（10.7）式を用いて変位で表せば，

$$\begin{aligned}
\varepsilon_{ij} &= \frac{1}{2} \left[\delta_{ij} - \sum_{k=1}^{3} \left(\frac{\partial X_k}{\partial X_i} - \frac{\partial u_k}{\partial X_i} \right) \left(\frac{\partial X_k}{\partial X_j} - \frac{\partial u_k}{\partial X_j} \right) \right] \\
&= \frac{1}{2} \left(\frac{\partial u_i}{\partial X_j} + \frac{\partial u_j}{\partial X_i} \right) - \frac{1}{2} \sum_{k=1}^{3} \frac{\partial u_k}{\partial X_i} \frac{\partial u_k}{\partial X_j}
\end{aligned} \tag{10.11}$$

となる．変位が非常に小さい無限小歪のときは，（10.11）式の最後の 2 次の項は無視できて，

$$\varepsilon_{ij} = \frac{1}{2} \left(\frac{\partial u_i}{\partial X_j} + \frac{\partial u_j}{\partial X_i} \right) \tag{10.12}$$

となる．無限小歪では，ラグランジュ記述とオイラー記述による歪は等しくなる．しかし有限歪のもとでは，2 次の項が効いてくるため，両者は一致しない．

これら歪の幾何学的意味を示すために，図 10.4 に，簡単のため 2 次元の X_1–X_2 面上に辺の長さ dX_1 と dX_2 をもつ長方形 ABCD が，わずかな変位の結果，平行四辺形 A′B′C′D′ になる様子を描いた．図から，A′B′ の X_1 軸上の長さが $dX_1 + (\partial u_1/\partial X_1) \, dX_1$ になることより，変形による AB の X_1 方向への長さの相対的伸び率が

$$\varepsilon_{11} = \frac{\partial u_1}{\partial X_1} \tag{10.13}$$

になることがわかる．また，直角であった∠DAB が変形により∠D′A′B′ となって，直角より $\alpha + \beta$ だけ減少しているが，この直角からの減少分が

$$2\varepsilon_{12} = \frac{\partial u_1}{\partial X_2} + \frac{\partial u_2}{\partial X_1} \tag{10.14}$$

に相当することがわかる．定義により，歪にも

10.2 弾性的性質

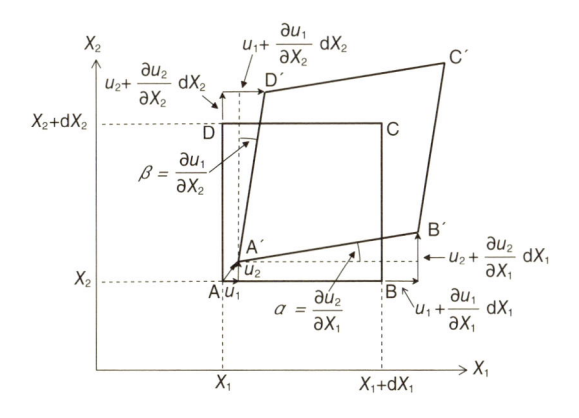

図 10.4 歪の幾何学的意味

$$\varepsilon_{ij} = \varepsilon_{ji} \tag{10.15}$$

が成り立つ．

無限小歪の場合は，応力と歪の間にはフック（Hooke）の法則に見るように，比例関係が成り立つ．ただし，3次元なので応力は

$$\sigma_{xx} = C_{11}\varepsilon_{xx} + C_{12}\varepsilon_{yy} + C_{13}\varepsilon_{zz} + 2C_{14}\varepsilon_{yz} + 2C_{15}\varepsilon_{zx} + 2C_{16}\varepsilon_{xy} \tag{10.16}$$

と6つの歪の線形結合となり，まとめて書くと

$$\begin{pmatrix} \sigma_{xx} \\ \sigma_{yy} \\ \sigma_{zz} \\ \sigma_{yz} \\ \sigma_{zx} \\ \sigma_{xy} \end{pmatrix} = \begin{pmatrix} C_{11} & \cdots & C_{16} \\ \vdots & & \vdots \\ C_{61} & \cdots & C_{66} \end{pmatrix} \begin{pmatrix} \varepsilon_{xx} \\ \varepsilon_{yy} \\ \varepsilon_{zz} \\ 2\varepsilon_{yz} \\ 2\varepsilon_{zx} \\ 2\varepsilon_{xy} \end{pmatrix} \tag{10.17}$$

となる．これら行列の係数 C_{ij} を**弾性定数**（elastic constant）という．これらの関係を用いて，結晶中の任意の方向に伝わる弾性波の速度を求めることができる．弾性定数 C_{ij} は結晶の対称性に従って，特定の制約条件をもつ．そこで，結晶がもつ対称性に対応する軸変換を行っても（10.17）式の表現式は変わらないとの関係を用いると，各晶系の弾性定数は，表 10.1 に示すような制約条件をもっており，独立な変数の数が減る．

表 10.1　各晶系における弾性定数

数字は独立な弾性定数の数.

(a) 三斜晶系（triclinic）　21 個

$$\begin{pmatrix} C_{11} & C_{12} & C_{13} & C_{14} & C_{15} & C_{16} \\ C_{12} & C_{22} & C_{23} & C_{24} & C_{25} & C_{26} \\ C_{13} & C_{23} & C_{33} & C_{34} & C_{35} & C_{36} \\ C_{14} & C_{24} & C_{34} & C_{44} & C_{45} & C_{46} \\ C_{15} & C_{25} & C_{35} & C_{45} & C_{55} & C_{56} \\ C_{16} & C_{26} & C_{36} & C_{46} & C_{56} & C_{66} \end{pmatrix}$$

(b) 単斜晶系（monoclinic）　13 個

$$\begin{pmatrix} C_{11} & C_{12} & C_{13} & 0 & 0 & C_{16} \\ C_{12} & C_{22} & C_{23} & 0 & 0 & C_{26} \\ C_{13} & C_{23} & C_{33} & 0 & 0 & C_{36} \\ 0 & 0 & 0 & C_{44} & C_{45} & 0 \\ 0 & 0 & 0 & C_{45} & C_{55} & 0 \\ C_{16} & C_{26} & C_{36} & 0 & 0 & C_{66} \end{pmatrix}$$

(c) 直方（斜方）晶系（orthorhombic）　9 個

$$\begin{pmatrix} C_{11} & C_{12} & C_{13} & 0 & 0 & 0 \\ C_{12} & C_{22} & C_{23} & 0 & 0 & 0 \\ C_{13} & C_{23} & C_{33} & 0 & 0 & 0 \\ 0 & 0 & 0 & C_{44} & 0 & 0 \\ 0 & 0 & 0 & 0 & C_{55} & 0 \\ 0 & 0 & 0 & 0 & 0 & C_{66} \end{pmatrix}$$

(d) 正方晶系（tetragonal）　6 個

$$\begin{pmatrix} C_{11} & C_{12} & C_{13} & 0 & 0 & 0 \\ C_{12} & C_{11} & C_{13} & 0 & 0 & 0 \\ C_{13} & C_{13} & C_{33} & 0 & 0 & 0 \\ 0 & 0 & 0 & C_{44} & 0 & 0 \\ 0 & 0 & 0 & 0 & C_{44} & 0 \\ 0 & 0 & 0 & 0 & 0 & C_{66} \end{pmatrix}$$

(e) 三方晶系（trigonal）　6 個

$$\begin{pmatrix} C_{11} & C_{12} & C_{13} & C_{14} & 0 & 0 \\ C_{12} & C_{11} & C_{13} & -C_{14} & 0 & 0 \\ C_{13} & C_{13} & C_{33} & 0 & 0 & 0 \\ C_{14} & -C_{14} & 0 & C_{44} & 0 & 0 \\ 0 & 0 & 0 & 0 & C_{44} & C_{14} \\ 0 & 0 & 0 & 0 & C_{14} & (C_{11}-C_{12})/2 \end{pmatrix}$$

(f) 六方晶系（hexagonal）　5 個

$$\begin{pmatrix} C_{11} & C_{12} & C_{13} & 0 & 0 & 0 \\ C_{12} & C_{11} & C_{13} & 0 & 0 & 0 \\ C_{13} & C_{13} & C_{33} & 0 & 0 & 0 \\ 0 & 0 & 0 & C_{44} & 0 & 0 \\ 0 & 0 & 0 & 0 & C_{44} & 0 \\ 0 & 0 & 0 & 0 & 0 & (C_{11}-C12)/2 \end{pmatrix}$$

(g) 立方晶系（cubic）　3 個

$$\begin{pmatrix} C_{11} & C_{12} & C_{12} & 0 & 0 & 0 \\ C_{12} & C_{11} & C_{12} & 0 & 0 & 0 \\ C_{12} & C_{12} & C_{11} & 0 & 0 & 0 \\ 0 & 0 & 0 & C_{44} & 0 & 0 \\ 0 & 0 & 0 & 0 & C_{44} & 0 \\ 0 & 0 & 0 & 0 & 0 & C_{44} \end{pmatrix}$$

（井田・水谷, 1978）

10.3　電気的・磁気的性質

10.3.1　電気伝導度

物質中を流れる電流密度 J_e（単位面積あたりの電流）は，以下のように電場

E（電圧勾配）に比例する．

$$J_e = \sigma_e E = \frac{E}{\rho_e} \tag{10.18}$$

ここで，ρ_e を比抵抗，σ_e を**電気伝導度**（electric conductivity）という．物質は電気伝導度により，**導体**（conductor），**半導体**（semiconductor），**絶縁体**（insulator）に分けられる．大部分の鉱物は絶縁体であり，数少ない導体としては，自然金属元素，硫化鉱物などがある．近年，地球内部の電気伝導度分布が注目されているが，これは地磁気の変化とそれによって発生する電位差を観測することで推定される．地球内部の地殻やマントルの電気伝導度は，それらを構成する鉱物の電気伝導度に依存する．それら鉱物の電気伝導度は，温度や結晶中の 3 価の鉄，水素に関係した欠陥によって大きく影響を受けるらしい（Karato, 2013）．そうした面での実験も行われている．地球内部の電気伝導度測定は，地震波測定とは別の地球内部の不均質さを探る手段としても注目されてきている．

10.3.2 誘電性

物質を電場 E におくと，分極 P が起きる．そのときの電束密度を D とすると，

$$D = \varepsilon E = E + 4\pi P \tag{10.19}$$

となる．ε を**誘電率**（permittivity）といい，普通 1〜100 である．特定の温度範囲で異常に高い ε をもつものを，強誘電体という．ペロブスカイト構造をもつ $BaTiO_3$ は，そのよい例である．また，対称心をもたない結晶に圧縮や引張りを加えると，電気的分極が起きる．これは圧電気といい，結晶の対称心の有無の判定に使われる．

10.3.3 磁 性

物質を強さ H の磁場中においたときの磁化の強さ（単位体積あたりの磁気モーメント）を M としたとき，

$$\chi = \frac{M}{H} \tag{10.20}$$

を**磁化率**（magnetic susceptibility）という．磁化率によって，物質は以下のよ

うな磁性体に分けられる．ただし，同じ物質でも温度や圧力の変化によって，**磁性**（magnetism）は変わりうる（磁性転移）．磁性転移は，構造転移を伴うこともあれば，伴わないこともある．

> **反磁性体**(diamagnetic material)： $\chi < 0$
> **常磁性体**(paramagnetic material)： $\chi > 0$ で小さな値
> **強磁性体**(ferromagnetic material)： $\chi > 0$ で大きな値

強磁性体は，磁場を加えなくてももともと隣り合う原子の磁気モーメントがそろっているため，強い磁化を示す．強磁性体は**キューリー点**（Curie point）といわれる温度以上で，常磁性体になる．結晶内で隣り合う原子が反対向きの磁気モーメントをもっているが，結晶全体としては磁化していないものを反強磁性体という．反強磁性体は，**ネール点**(Néel point) といわれる温度以上で常磁性体になる．そのほか，隣り合う原子が反対向きに磁化しているが，結晶全体としては打消し合わずに磁化しているものを，**フェリ磁性体**（ferrimagnetic material）という．典型的な強磁性体の鉱物としては自然鉄，反強磁性体としてはマンガノサイト MnO，フェリ磁性体の鉱物として磁鉄鉱 Fe_3O_4 がある．

10.4 状態方程式

物質の体積 V と圧力 P，それに温度 T の三者の関係を表すのが，**状態方程式**（equation of state）である．気体の状態方程式は古くから知られているのに対し，固体の状態方程式については近年まであまり知られてなかった．しかし，近年地球内部のさまざまな現象の理解に，地球内部を構成する物質の状態についての情報が欠かせなくなるにつれて，それら物質の状態方程式の重要性が高まってきている．そうした固体の状態方程式のうち，現在広く使われているのが**バーチ–マーナガンの状態方程式**（Birch–Marnaghan equation of state）なので，それについて以下に紹介する．

(8.10) 式より，物質の圧力は，

$$P = -\left(\frac{\partial U}{\partial V}\right)_S = -\left(\frac{\partial F}{\partial V}\right)_T \tag{10.21}$$

と表せる．したがって，断熱過程（エントロピー一定）での内部エネルギーな

10.4 状態方程式

いしは，等温過程でのヘルムホルツ（Helmholtz）の自由エネルギーを体積 V で表すことができれば，それを体積で微分することにより，圧力を求めることができる．しかし，地球惑星物質については直接それらのエネルギーを体積 V で表現する方法は確立されていないので，以下のように歪を通して圧力を求めることを考える．その際，歪としては地球科学分野では，オイラー記述で扱うのが普通なので，以下でもオイラー記述の歪を用いる．

物質が静水圧のもとで $P=0$ から P まで形を変えることなく相似的に変形すると，

$$u_i = X_i - x_i = sx_i = \frac{s}{1+s}X_i \tag{10.22}$$

となる．ここに s は収縮・膨張を表す定数である．すると，今は有限歪を考えるので，(10.11) 式より

$$\varepsilon_{ij} = \frac{1}{2}\left[1 - \frac{1}{(1+s)^2}\right]\delta_{ij} \tag{10.23}$$

となり，等方的な変形による有限歪は

$$\varepsilon_{11} = \varepsilon_{22} = \varepsilon_{33} = \varepsilon = \frac{1}{2}\left[1 - \frac{1}{(1+s)^2}\right] \tag{10.24}$$

となる．一般に，圧力の増大で体積が減少すると，ε は負になるので，ε の代わりに $q=-\varepsilon$ を用いる．今，$P=0$ における体積 V_0（密度 ρ_0）の固体が，圧力 P まで準静的過程で変形して体積 V（密度 ρ）になったとすると，

$$\frac{\rho_0}{\rho} = \frac{V}{V_0} = (1+s)^3 = (1-2\varepsilon)^{-3/2} = (1+2q)^{-3/2} \tag{10.25}$$

となる．このとき，$dU = T\,dS + dW$（dW は外界からこの物質に対してなされる仕事なので，(8.1) 式の $d'W$ とは異符号），$dF = -S\,dT + dW$ なので，$P=0$ から P までに固体に歪エネルギーとして蓄えられる仕事 dW は，$P=0$ から P までの断熱過程（$dS=0$）における内部エネルギーの変化 dU，ないしは等温過程（$dT=0$）におけるヘルムホルツの自由エネルギーの変化 dF に等しい．そこで，(10.21) 式で U や F の V による微分の代わりに，dW についての q を通しての V の微分を考える．そのため，dW を $P=0$ から P までの歪に相当する q のべき級数で

$$dW = aq^2 + bq^3 + \cdots \tag{10.26}$$

133

第10章 鉱物の物性

と展開する。ここに，$q=0$ では $dW=0$, $P=0$ なので，dW の展開は q の2次から始まる（そうしないと，次式により $q=0$ のとき $P=0$ にならない）。これより，(10.21) 式は (10.25) と (10.26) 式により，

$$P = -\frac{\partial W}{\partial q}\frac{dq}{dV} = \frac{1}{3V_0}(1+2q)^{5/2}(2aq + 3bq^2 + \cdots) \tag{10.27}$$

となる。ここで係数 a, b を既存の物理量で置き換えるために，(10.27) 式を用いて体積弾性率を計算すると，

$$K = -V\frac{\partial P}{\partial V} = \frac{dP}{dq}\frac{dq}{dV} = \frac{2}{9V_0}(1+2q)^{5/2}\{a + (7a+3b)q + \cdots\} \tag{10.28}$$

となる。これより，$q=0$（$P=0$）のとき，K が $P=0$ での値 K_0 となるので，

$$K_0 = \frac{2}{9V_0}a \tag{10.29}$$

となる。また，K の圧力勾配 $K'=dK/dP=(dK/dq)(dq/dP)$ を (10.27) と (10.28) 式を用いて求め，$q=0$（$P=0$）とすることにより，

$$K_0' = 4 + \frac{b}{a} \tag{10.30}$$

となるので，これらから a, b を求めて (10.27) 式に入れることにより，

$$\begin{aligned}P &= 3K_0(1+2q)^{5/2}q\left\{1 + \frac{3}{2}(K_0'-4)q + \cdots\right\} \\&= \frac{3}{2}K_0\left\{\left(\frac{\rho}{\rho_0}\right)^{7/3} - \left(\frac{\rho}{\rho_0}\right)^{5/3}\right\}\left[1 + \frac{3}{4}(K_0'-4)\left\{\left(\frac{\rho}{\rho_0}\right)^{2/3} - 1\right\} + \cdots\right]\end{aligned} \tag{10.31}$$

が得られる。(10.31) 式の [ ] 内の第2項までとったものが，3次のバーチ–マーナガンの状態方程式といわれ，地球科学では現在広く使われている。(10.31) 式は，断熱過程と等温過程のそれぞれについて得られ，両者は一般に一致しない。

バーチ–マーナガンの状態方程式が導かれたのは1952年のことで，固体の状態方程式については，その後あまり理論的な進展はないように思われる。むしろようやく，(10.31) 式を近似式に使えるデータが出てくるようになったというべきかもしれない。この式を導く過程での近似は，さほど厳密なものではないが，それでも試料の静水圧を保つ点や温度の均一性，圧力の正確な見積もりなど，実験上の制約条件はきびしく，測定データを (10.31) 式でフィッティングして K' まで求めるのは，簡単なことではない。

第11章 鉱物の合成

　鉱物学では，天然の鉱物を調べるだけではなく，人工的に種々の条件で鉱物またはそれに関係する結晶を合成することも盛んに行われる．こうした鉱物およびそれに関係する結晶を合成することには，2つの目的がある．ひとつは天然の鉱物の生成条件を推定するためであり，もうひとつは人間にとって有用な結晶（セラミックスとよばれる）を得たり，その性質を調べたりするためである．前者の天然の鉱物の生成条件を推定するためには，天然の鉱物をいくら詳しく調べても，それだけでは鉱物ができる温度や圧力などの条件を正確に知ることはできない．それらの情報を正確に知るには，やはり天然に近い条件を作り出して，再現実験をすることが確実な方法だからである．また，後者の人間にとって有用な結晶を得たりそれらの諸性質を知ることは，昔はそうした目的に合う天然の鉱物を探して調べることが主であったが，天然の鉱物にも限りがあることや，天然では得られない高純度，高性能の結晶を得ようとすると，やはり人工的に結晶を合成することが必要になってくる．そのため，種々の条件で，さまざまな組成の結晶をつくることが試みられてきた．後者の目的には，民間のさまざまな機関で研究が行われているので，ここでは前者の天然の鉱物の生成条件を推定するための鉱物および関連する結晶の合成について，述べてみたい．

第 11 章　鉱物の合成

11.1 高温合成

11.1.1 高温発生装置

　結晶を合成するうえで何よりも必要なことは，化学反応が進むような高温を発生させることである．そのために，種々の高温装置が使用される．最も普通に使われるのは，抵抗をもつ電気導体に電流を流してその抵抗熱により温度を得る電気炉で，使用目的の温度に応じてさまざまな発熱体が使われる．これらのうちで 1,800〜1,900 ℃ の高温を発生できるケラマックス炉を図 11.1 に示す．これは，発熱体として，ランタンクロマイト $LaCrO_3$ を使用している．普通，これらの棒状の発熱体を円筒状に並べた中心に Al_2O_3 などからなる高温に耐える炉心管とよばれる筒を固定し，その中に加熱する物質を白金などの高温に耐えうるもので保持して加熱する．2 価鉄などのように，空気中では酸化されてしまうものの場合は，炉心管に水素と CO_2 の混合ガスなどを流し，それら混合

図 11.1　ケラマックス炉
右側が電気炉，左下が制御盤，その上が雰囲気ガス混合器である．

ガスの高温下での反応により生ずる酸素ガスの分圧を利用して適当な酸化・還元状態をつくり，その中で試料の加熱を行う．

電気導体の抵抗加熱を利用する方法以外の高温装置としては，赤外線を鏡で1か所に集光して加熱する赤外集中炉や，コイルに交流電流を流して誘導起電力を発生させ，それによりコイル近くに置いた導体に発生する渦電流による発熱を利用した高周波炉などがある．これらの装置の特徴は，赤外集中炉で2,000℃程度，高周波炉で1,500〜3,000℃ほどの温度を短時間で得ることができる点である．一般に，酸化物は1,000〜1,200℃くらいの温度で反応するものが多いが，マグネシウム，ケイ素などを含むケイ酸塩物質は，1,300〜1,400℃くらいでも十分に反応しない場合がある．

試薬を調合した出発物質を加熱合成する一般的な手順としては，以下のようなプロセスを踏む．

(1) 出発物質の調合：各試薬を計算どおりの量秤量し，乳鉢でよく混ぜる．均一に混合することが，良質の合成物を得るうえで大事である．
(2) 出発物質のペレット化：(1) の物質を，反応を早めるため厚さ数mm程度の硬い錠剤にする．酸化・還元ガスを使用するときは，錠剤の厚さは1 mm程度にする．
(3) 出発物質の加熱：(2) で固めた錠剤を，高温に耐え，錠剤と反応しない容器に入れたり，白金などの金属線でつるし，高温装置中で加熱する．必要ならば，試料部分に酸化・還元用のガスを流す．1回の加熱で均質な合成物が得られない場合は，再度粉砕し，粉末にした後，(2)，(3) の過程を繰り返す．

11.1.2 フラックス法（融剤法）

単結晶を合成するなどの目的に，物質をいったん融かしたいが融点が非常に高く，融点の高温を発生させるのが困難な場合がある．そうしたとき，融点を下げる方法として利用されるものに，**フラックス法（融剤法**（flux method））がある．その様子を示したのが，図11.2である．これは目的の物質に適当な他成分を混ぜると，融点が下がることを利用している．その混ぜる他成分を融剤という．図11.2で，横軸は混ぜる他成分Bの割合を示しており，Aに適当なBを組成 X_1 の割合で混ぜると，融点が純粋なAの融点 T_1 から T_2 に下がること

第 11 章　鉱物の合成

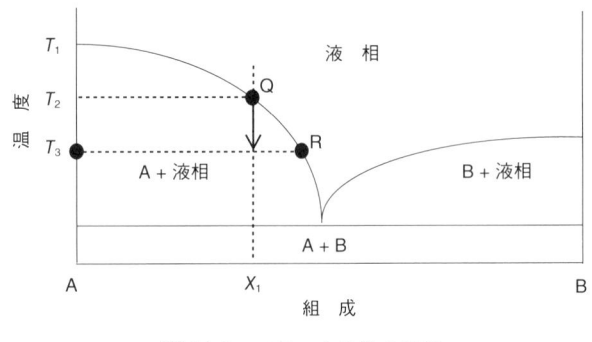

図 11.2　フラックス法の原理

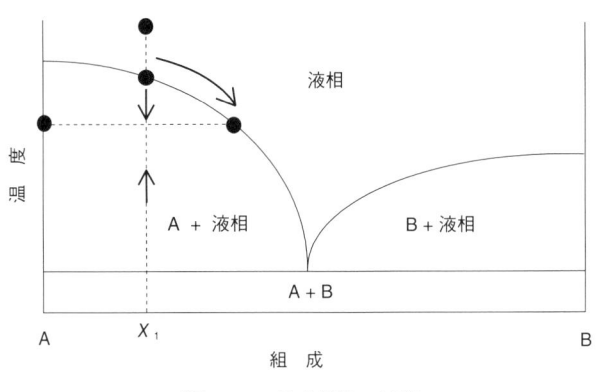

図 11.3　浮遊帯法の原理

を示している．この組成の物質の温度をさらに T_3 までゆっくり下げると，純粋な A の結晶ができるとともに，液相の組成は R の点まで変わる．

　こうしたことを利用して，**浮遊帯法**（floating zone method）という方法で組成の純粋な物質をつくったり，あるいは大きな単結晶をつくることができる．図 11.3 と 11.4 にその様子を示す．浮遊帯法というのは，試料の一部を融かして，融けた部分を高温下で移動させる方法である．たとえば純粋な物質 A をつくるには，図 11.4a にあるように，A に融剤 B を混ぜた試料の左端からヒーターをゆっくりと右に移動させて，融けた部分を表面張力で保ちながら右方向に移動していく．すると，図 11.3 に示すように，移動の後に残った部分では温度の下

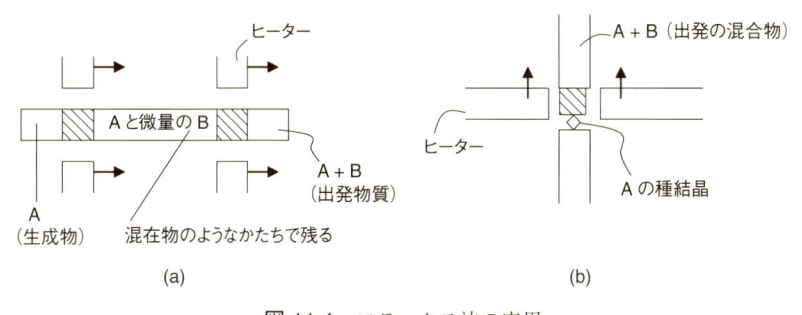

図 11.4　フラックス法の応用
(a) 純粋なものをつくる, (b) 単結晶をつくる.

降とともに A が固化し始め, 残りの液相は B により富んだ液相として移動していく液相に加わる. 図 11.4a で, 1 番目のヒーターの通過後に出来た高純度の物質 A を, 2 番目のヒーターで再度加熱溶融して溶融部を右に移動させて同じことを繰り返すと, きわめて高純度の A を 2 番目のヒーター通過後に得ることができる.

また, 大きな A の単結晶を得るには, 図 11.4b に示すように, A の種結晶のすぐ上に A と B を混ぜた試料を置き, ヒーターで溶融して種結晶に接触させ, ヒーターをゆっくり上部に移動させる. そうすると, 図 11.3 に示したように, 溶融部移動後の温度の低下に伴って固化する A が種結晶の A の上に結晶として成長し, 大きな単結晶を得ることができる.

そのほか, 鉱物合成法としては, 水熱合成法, 真空封入法, 気相成長法など多種あるが, 詳細は専門書を参考にされたい.

11.2　高圧合成

鉱物合成の歴史の当初は, 反応を速く進めるための高温発生が装置開発の主であったが, 地球を構成する鉱物の研究が次第に地球内部に向かうにつれて, 鉱物合成のための技術も, いかに高圧を発生するかという方向に向かっていった. そこで以下に, 高圧合成のための高圧装置について, 簡単に紹介する.

高圧合成に必要な圧力を発生させる代表的な高温高圧装置としては, **ピストン**

第 11 章　鉱物の合成

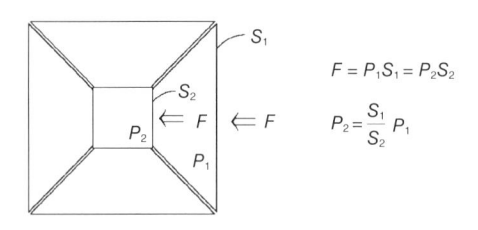

図 11.5　高圧発生の原理

シリンダー装置（piston-cylinder apparatus），マルチアンビル装置（multi-anvil apparatus），ダイヤモンドアンビル装置（diamond-anvil apparatus）がある．いずれも高圧を発生する原理は同じであり，その原理を図 11.5 に示す．今，簡単のため立方体の各面に硬い物質からなる台座（先端が平面の正四角錐）によって圧力をかけているとする．それぞれの台座の底面と先端の面の断面積を S_1 と S_2 とする．このとき，台座の底面に圧力 P_1 をかけ，その力が先端の小さな面に伝わって圧力 P_2 になったとする．すると，底面にかかる力と先端の面にかかる力は等しいから，$F=P_1S_1=P_2S_2$ となり，$P_2=(S_1/S_2)P_1$ となる．つまり，先端の面にかかる圧力は，底面と先端の面の断面積比に逆比例して増大することになる．そこで，台座の広い底面にそれなりの圧力をかけて，台座先端の狭い面に非常に高い圧力を発生させる，これが高圧発生の原理である．

　この高圧発生のための広い底面と狭い先端の面をもつ台座を，アンビル（anvil）という．ピストンシリンダーはピストンをアンビルとして用いたものであり，マルチアンビルの場合は，アンビルを 2 段，あるいは 3 段組み合わせて使用している（図 11.6）．しかし，いくら計算上の圧力が大きくても，それを支える材質が硬くなければ，高圧は発生できない．そこで，いかに硬い材質をアンビルに用いるかが問題になる．ピストンシリンダー装置やマルチアンビル装置では，WC（タングステンカーバイド）や粉末多結晶ダイヤモンドをある種の金属で固めた焼結ダイヤモンドを用いる．一方，ダイヤモンドアンビル装置（図 11.7）では，普通単結晶ダイヤモンドを用いる．最近，マルチアンビル装置やダイヤモンドアンビル装置では，ナノメートルサイズの粒子からなる非常に硬い多結晶ダイヤモンドをアンビルに用いる例も出てきている．

　これらの装置における高温の発生は，ピストンシリンダーやマルチアンビル

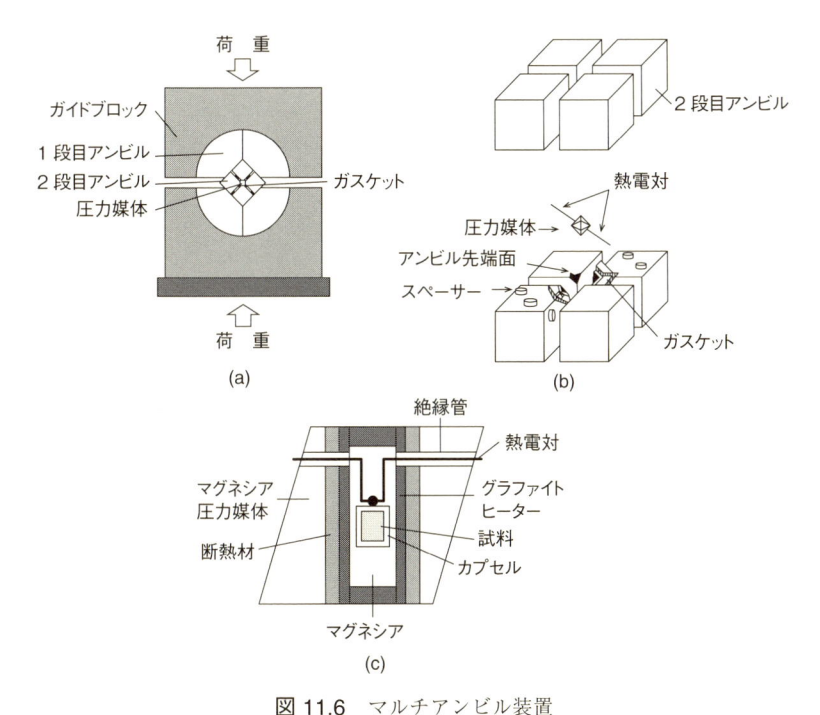

図 11.6 マルチアンビル装置
(a) 2 段式六-八面体アンビル装置，(b) 2 段目アンビルの構成，(c) 試料部の構成，(赤荻 (1996) を改変)

装置では，試料の近くに導電性の材料を配置し，電流による抵抗発熱で試料を高温にする．一方，ダイヤモンドアンビル装置の場合は，ダイヤモンドが光に透明であることを利用して，試料にのみ吸収される波長のレーザー（YAG, YLF, CO_2）を照射することにより，試料を高温にする．これらの装置により得られる最高圧力，温度は，ピストンシリンダー装置では約 3 GPa, 2,000 K（上部マントルの上部に相当），マルチアンビル装置ではアンビルに WC を用いる場合は約 25 GPa, 3,000 K（下部マントルの上部に相当）ほどであるが，アンビルに焼結ダイヤモンドを用いると 100 GPa を超える圧力も得られている．さらにダイヤモンドアンビル装置では約 300 GPa, 4,000〜5,000 K（内核に相当）を超える高圧高温状態をそれぞれ発生することができ，その到達温度・圧力は日々更新されている．

第 11 章　鉱物の合成

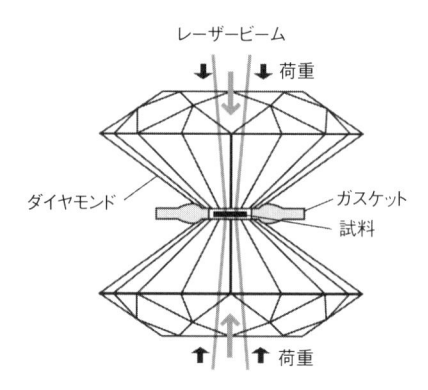

図 11.7　ダイヤモンドアンビル装置

　これらの高温高圧下で合成した物質がどのようなものであるかを調べるため，以前は高温高圧状態で合成した試料を大気圧下に回収し，X 線や電子線を使った回折実験やエネルギー分散型 X 線分析で調べていた．しかし，この方法では回折実験や組成分析を精密に行うことはできるが，高圧物質のなかには大気圧に戻すと低圧の物質に変わったり非晶質になってしまうものがあるという問題点があった．そこで，1980 年代以降，フォトンファクトリー（筑波市）や SPring-8（兵庫県西播磨）などの大型**放射光**（synchrotron radiation）施設が稼動を始めてからは，強力な X 線を高温高圧状態にある試料に直接当てて回折 X 線その他の情報を取り出す"その場観察（*in situ*）"という手法が盛んに行われるようになり，高圧物質の構造その他をその安定条件下で直接測定することが可能になった．

付録 A 格子軸変換による空間群の記号の変換

　同じ結晶構造でありながら，論文などで用いられている空間群の記号が，"International Tables for X-ray Crystallography, Vol. I"の記号と異なることがある．これは，両者における単位格子の軸の取り方が違うことからくる．こうしたことは，単斜晶系と直方（斜方）晶系の構造で起きる．なぜなら，表3.1に見るように，直方（斜方）晶系より対称性の高い晶系では格子軸は一義的に決まってしまうので格子軸の取り違いはなく，また三斜晶系では格子軸に関係した対称要素がなく，空間群は $P1$ か $P\bar{1}$ になるからである．それに対し，単斜晶系や直方（斜方）晶系では，格子軸の組合せは同じとしても，どれを a, b, c 軸にするかには任意性があり，格子軸の大小関係を表3.1に従って取った場合でも，"International Tables"と同じになるとは限らないからである．したがって，こうした場合，"International Tables for X-ray Crystallography, Vol. I"に出ている情報を参照するためには，どのような格子軸の変換を行えば，問題の構造の空間群が"International Tables for X-ray Crystallography, Vol. I"に出ているものと同じになるかを調べる必要がある．

　ここでは例として，オリビンの結晶構造でよく用いられる空間群 $Pbnm$ を見てみよう．この場合，単位格子軸は，$a=4.7534(6), b=10.1902(15), c=5.9783(7)$ Å である（フォルステライト Mg_2SiO_4 の場合．図6.13参照）．この空間群の意味は，a 軸に垂直な b 映進面（(100)面で鏡映したのち $\boldsymbol{b}/2$ の並進）と，b 軸に垂直な n 映進面（(010)面で鏡映したのち $(\boldsymbol{c}+\boldsymbol{a})/2$ の並進），それに c 軸に垂直な鏡映面 m からなる．この空間群の記号 $Pbnm$ は，"International Tables for X-ray Crystallography, Vol. I"にはない．そこで，$a \to c, b \to a, c \to b$ という軸変換を行うと，a 軸に垂直な b 映進面は c 軸に垂直な a 映進面（(100)面の鏡映が (001) 面の鏡映となり，$\boldsymbol{b}/2$ の並進が $\boldsymbol{a}/2$ の並進になる）．b 軸に垂直な n 映進面は a 軸に垂直な n 映進面（(010)面の鏡映が (100) 面の鏡映と

付録 A　格子軸変換による空間群の記号の変換

なり，$(\boldsymbol{c}+\boldsymbol{a})/2$ の並進が $(\boldsymbol{b}+\boldsymbol{c})/2$ の並進になる)，c 軸に垂直な m は b 軸に垂直な m となる．したがって，空間群は $Pnma$ となり，"International Tables for X-ray Crystallography, Vol. I" 上のものと一致することがわかる．実際は格子軸の変換は 6 通りあるが，少し慣れれば上の軸変換をすれば，変換後の空間群が，"International Tables for X-ray Crystallography, Vol. I" 上のものと一致することがわかるであろう．

以下に，後述の付表 1 の空間群決定の表と "International Tables for X-ray Crystallography, Vol. I" とで空間群の記号が違う 2 例について，どのような軸変換を行えば空間群の記号が同じになるかを示す．

- 空間群決定の表の $Pcam$（No. 57）→ "International Tables" の $Pbcm$
  $a \to b,\ b \to a,\ c \to c$ の軸変換による．
- 空間群決定の表の $C2cm$（No. 40）→ "International Tables" の $Ama2$
  $a \to c,\ b \to b,\ c \to a$ の軸変換による．

付録 B 消滅則による反射の消滅と多重回折による出現

　消滅則と多重回折については 4.2.5 項で述べているが，ここで改めて実例を用いて説明する．4.2.5 項で述べたように，逆格子点の反射はどの指数にも当てはまる格子タイプの消滅則と，特定の指数にのみ当てはまる並進を含む対称要素による消滅則，によって消滅する場合がある．格子タイプの消滅則と代表的な並進を含む対称要素による消滅則を表 B.1 にまとめた．これらの消滅則は，X線回折と電子線回折のどちらにも当てはまる．こうした消滅則は，可能な空間群を決める際の重要な手がかりとなる．ただし，こうして消えるはずの逆格子点のうち，後者の並進を含む対称要素による消滅則の場合は，多重回折によって見かけ上出現することがあるので，注意が必要である．この多重回折による出現は，X線回折ではめったに起きないのに対し，電子線回折では頻繁に起きる．それは，両者の波長の違いからきている．電子線回折では X 線回折に比べ波長 λ がずっと短いため，半径が $1/\lambda$ のエワルド（Ewald）の反射球は逆格子の原点付近ではほぼ平面になっている．そのため，ある逆格子面が回折条件を満たして入射線に垂直な場合は，その面上の原点近くのすべての逆格子点がエワルドの反射球と交わる（図 4.9 参照）．そのため，それらの逆格子点は，すべて多重回折を起こすからである．それら，本来消滅則で消えるべき反射が多重回折で見かけ上出現する様子を具体的な例で見てみよう．このことは，付録 C の電子線回折パターンの解析を行う際に，重要となる．

　ここで取り上げるのは，直方（斜方）エンスタタイト $MgSiO_3$ の電子線回折による例である．この結晶の空間群は，$Pbca$ であり，格子定数は，$a=18.233(1)$，$b=8.8191(7)$，$c=5.1802(5)$ Å である（Hugh-Jones and Angel, 1994）．この結晶の空間群 $Pbca$ の消滅則は，表 B.1 により以下のようになる．

　hkl：なし
　$0kl$：$k=$ 奇数 ← a 軸に垂直な b 映進面に対応

付録 B　消滅則による反射の消滅と多重回折による出現

表 B.1　逆格子点の消滅則

空間格子による消滅則			
単純格子：なし			
体心格子：$h+k+l=$ 奇数			
面心格子：h, k, l がすべて奇数か偶数でない場合			
C 底心格子：$h+k=$ 奇数			
三方格子を六方格子に変換：$-h+k+l \neq 3n$ （順設定）			
$h-k+l \neq 3n$ （逆設定）			
並進を伴う対称要素による消滅則			
対称要素	軸または面	消滅則	
2_1 らせん軸	[100]	$h00$ で $h=$ 奇数	
3_1 らせん軸	[001]	$00l$ で $l \neq 3n$	
a 映進面	(010)	$h0l$ で $h=$ 奇数	
a 映進面	(001)	$hk0$ で $h=$ 奇数	
b 映進面	(100)	$0kl$ で $k=$ 奇数	
c 映進面	(010)	$h0l$ で $l=$ 奇数	
n 映進面 *	(100)	$0kl$ で $k+l=$ 奇数	
n 映進面 **	($1\bar{1}0$)	hhl で $2h+l=$ 奇数	
d 映進面 ***	(100)	$0kl$ で $k+l \neq 4n$ ($k, l=$ 偶数 †)	
d 映進面 ****	($1\bar{1}0$)	hhl で $2h+l \neq 4n$ ($l=$ 偶数 ††)	

* 対角線方向に $\boldsymbol{b}/2+\boldsymbol{c}/2$ の並進
** 体対角線方向に $\boldsymbol{a}/2+\boldsymbol{b}/2+\boldsymbol{c}/2$ の並進
*** 対角線方向に $\boldsymbol{b}/4+\boldsymbol{c}/4$ の並進
**** 体対角線方向に $\boldsymbol{a}/4+\boldsymbol{b}/4+\boldsymbol{c}/4$ の並進
† この映進面は面心格子にあるので，$h(=0), k, l$ は偶数
†† この映進面は体心格子にあるので，$h+k+l$ ($=2h+l$) は偶数

$h0l : l=$ 奇数 ← b 軸に垂直な c 映進面に対応
$hk0 : h=$ 奇数 ← c 軸に垂直な a 映進面に対応
$0k0 : (k=$ 奇数$)$ ← $0kl : k=$ 奇数　の特殊な場合
$00l : (l=$ 奇数$)$ ← $h0l : l=$ 奇数　の特殊な場合
$h00 : (h=$ 奇数$)$ ← $hk0 : h=$ 奇数　の特殊な場合

　この結晶の逆格子面 $hk0$ で，消滅則を考慮して反射が生じる逆格子点を模式的に図示すると，図 B.1a のようになる．図の逆格子点のうち，消滅則により，$h=$ 奇数がすべて消え，$0k0$ 上でも $k=$ 奇数の反射が消えるはずである．しかし，この結晶を電子顕微鏡（電顕）内で c 軸が入射電子線に平行になるように

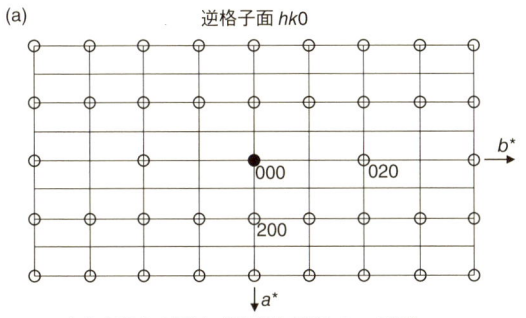

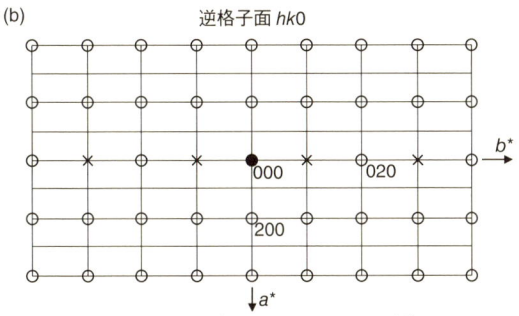

付録 B　消滅則による反射の消滅と多重回折による出現

(a) 逆格子面 hk0

○：本来出現する反射（消滅則で消えない反射）

(b) 逆格子面 hk0

○：本来出現する反射（消滅則で消えない反射）
×：本来消滅すべきであるが多重回折により出現する反射

図 B.1　直方（斜方）エンスタタイト MgSiO$_3$（$Pbca$）の回折パターン
(a) 本来出現する反射，(b) 電子線回折により現れる反射．

傾けて回折パターンを取ると，図 B.1b に示すような反射が観察される．$h=$ 奇数の反射は消滅則どおり出現しないが，$0k0$ 上の反射は $k=$ 奇数も含めてすべて出現する．このことは，多重回折により説明される．すなわち，後述の付録 C 図 C.1 に示すようにエワルドの反射球に交わる $hk0$ 面上の逆格子点で多重回折が起き，逆格子の原点 000 が他のもともと出現する逆格子点（たとえば 200 など）に移動することになる．それにより，図 B.1b で $0k0$ 上の $k=$ 奇数の逆格子点の反射が，見かけ上出現することになる．もちろんこれらの反射の指数は，移動した原点から見れば，本来出現すべき指数に対応する．一方，この方位では，逆格子の原点 000 が本来出現するどの逆格子点に移動しようとその点の h も偶数なので，その点から見て $h=$ 奇数の逆格子点の反射が現れることは

147

付録 B　消滅則による反射の消滅と多重回折による出現

ないので，元の原点から見て $h =$ 奇数の反射が多重回折で現れることはない．

　こうして現れた $0k0$ 上の $k =$ 奇数の反射が，本来消滅則で消えるべきなのに多重回折で出現しているかどうかの判定は，電顕内で試料を傾斜させてみればわかる．要は多重回折を起こしている逆格子点の回折条件をなくせばよいので，図 B.1b で問題の $0k0$ 上の逆格子点はエワルドの反射球と交わり続けるように，試料を b^* の周りに回転して，原点が移り変わったと思われる逆格子点をエワルドの反射球と交わらないようにすればよい．そのとき，$0k0$ 上の $k =$ 奇数の反射が消えるかどうかが問題である．試料を b^* の周りに回転したとき $k =$ 奇数の反射が消えれば，それらの反射は多重回折で現れていたことになり，もしどう回転しても消えないなら，それらの反射は本来消滅則で消えない反射ということになる．

付録C 電子線回折パターンの指数付け

　結晶の構造を表す回折点情報として，単結晶回折パターンは非常に有用である．以前は単結晶の回折パターンとして，X線による回折パターンがしばしば用いられたが，最近は電子線回折パターンが用いられることが多い．このことには，最近の研究では得られる結晶試料が少量で，しかも微細粒子（時にサブミクロン）の場合が多いことが関係している．そこで，そうした微細粒子の電子線回折パターンの指数付けについて説明する．

　指数付けを行うにあたっては，まず逆格子点を記録しているフィルム（最近は記録媒体にCCDを用いるようになってきているが，ここではそれらも含めてフィルムとよぶことにしよう）の**カメラ定数**（camera constant）を求めておく必要がある．図C.1はある結晶の逆格子面を撮影しているときのエワルドの反射球と回折条件にある逆格子面，それとフィルム上に投影されるその逆格子パターンの配置を示す．逆格子点が入射線の方向にのびているのは，試料が入射線に垂直な薄膜の場合，逆格子は試料の外形と逆に入射線の方向にのびる棒状になることに対応している．Lを結晶とフィルム面の距離であるカメラ長，R_{hkl}をフィルム上での原点から逆格子点hklまでの距離とすると，三角形の相似（これは厳密には近似であるが，誤差はほとんど無視できる）により，

$$\frac{1}{\lambda} : r^*_{hkl} = L : R_{hkl} \tag{C.1}$$

となる．$r^*_{hkl} = 1/d_{hkl}$（d_{hkl}は（hkl）面の面間隔）であることを考慮すると，式（C.1）から$Lr^*_{hkl} = R_{hkl}/\lambda$すなわち

$$L\lambda = R_{hkl}d_{hkl} \tag{C.2}$$

の関係が得られる．この$L\lambda$の値をカメラ定数という．この値は，電子線回折パターン撮影時のカメラ長（倍率）によって異なるが，同じカメラ長では逆格子

付録 C　電子線回折パターンの指数付け

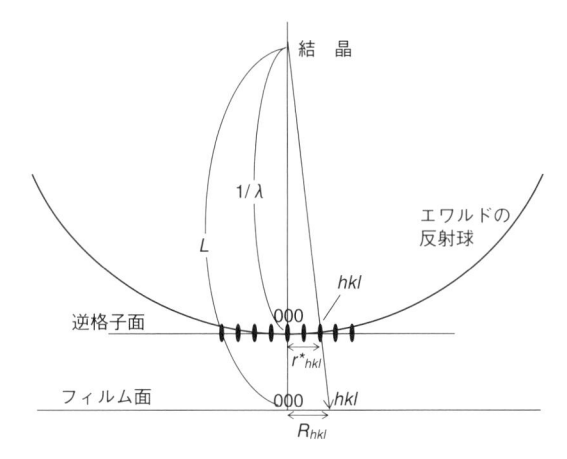

図 C.1　逆格子とエワルド球およびフィルム上の回折点の関係
λ は電子線の波長，r^*_{hkl} は逆格子点 hkl に至る逆格子ベクトルの長さ，L はカメラ長，R_{hkl} はフィルム上の原点から逆格子点 hkl までの距離．

点の指数にも，そして測定している物質にもよらない定数である．したがって，あらかじめ格子定数既知の物質で回折パターンを撮影し，フィルム上の逆格子点の距離 R_{hkl} を測定すれば，d_{hkl} がわかっているので，そのカメラ長におけるカメラ定数を得ることができる．こうして得られたカメラ定数を用いることにより，未知試料の各逆格子点に対応する面間隔 d_{hkl} を求めることができる．その際，R_{hkl} の長さの単位はフィルム上の距離を測定する状況に応じて種々変わりうるが，カメラ定数を求めたときと未知試料のときで，同じ単位で測定しておけば問題はない．

そこで，以下に具体的な例について，どのように電子線回折パターンに指数付けをするかをみてみよう．図 C.2 は，付録 B の $MgSiO_3$ に少し鉄の入った直方（斜方）エンスタタイト $(Mg, Fe)SiO_3$ の電子線回折パターンである．この試料は，組成などの情報から直方（斜方）エンスタタイト（空間群 $Pbca$）であることがわかっているとする．この電子顕微鏡のある倍率での電子線回折パターンを直接フィルム上で測定したときのカメラ定数は，$L\lambda = 20.08$（mm Å）であった．このような電子線回折の逆格子点に指数付けするときは，はじめになるべく原点に近くて直線上にない 3 点を選ぶのがよい．そこで，図 C.2 のように 3 つの逆格子点 A，B，C を選んだとする．そのときフィルム上の逆格子

付録 C　電子線回折パターンの指数付け

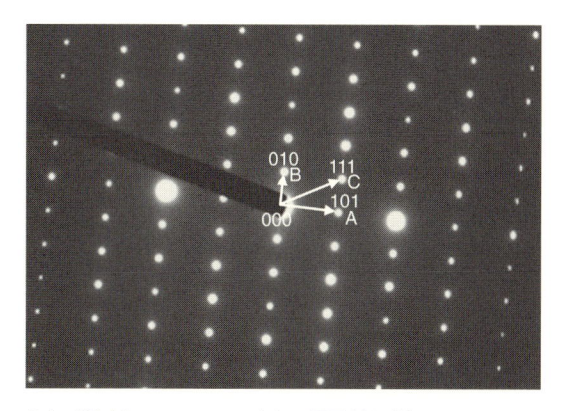

図 C.2　直方（斜方）エンスタタイトの電子線回折パターン（大内智博提供）

表 C.1　直方（斜方）エンスタタイトの面間隔*

h	k	l	d_{hkl}(Å)	h	k	l	d_{hkl}(Å)
1	0	0	18.233	2	0	1	4.504
2	0	0	9.117	0	1	1	4.467
0	1	0	8.819	0	2	0	4.410
1	1	0	7.939	1	1	1	4.338
2	1	0	6.339	1	2	0	4.286
3	0	0	6.078	4	1	0	4.049
0	0	1	5.180	2	1	1	4.011
3	1	0	5.004	2	2	0	3.970
1	0	1	4.983	3	0	1	3.942
4	0	0	4.558	5	0	0	3.647

* $a=18.233$, $b=8.8191$, $c=5.1802$ Å より計算.

の原点 000 から各 A, B, C までの距離が, カメラ定数を導いたときの測定法によるとそれぞれ 4.07, 2.30, 4.66 mm であったとする. こうした短い間隔の逆格子点の距離は, 数個分の間隔の距離を測定して個数で割り算をすると, 誤差が小さくなる. 式 (C.2) より, A, B, C の逆格子点に対応する面間隔は, それぞれ 4.93, 8.73, 4.31 Å となる. このようにして電子線回折パターンから得られた各逆格子点に対応する面間隔の値の誤差は, 最大 1% ほどと考えられる.

一方, 表 C.1 には, この試料に近い組成の直方（斜方）エンスタタイトとして, 付録 B に記載した格子定数から計算した各指数の面間隔を大きい順に載せ

付録 C　電子線回折パターンの指数付け

てある．ここで，指数については，消滅則で消える反射も含めて，すべての指数について計算して載せている．なぜなら，電子線回折では，頻繁に多重回折により消滅則で消えるべき指数の逆格子点も現れるからである．この表から，面間隔 8.73 Å に対応する逆格子点 B の指数は，010 と一義的に決めることができる．また，A 点は面間隔と原点から A へのベクトルが B へのベクトルと直交することから 101 と考えられるが，C 点については面間隔の値だけからは 111 とも 120 とも決め難い．しかし，C 点の指数が A 点と B 点の指数の和であることを考慮すると，C 点の指数は 111 と考えれば，すべてつじつまがあう．このように，一直線上にない 3 つの逆格子点で対応する面間隔が誤差の範囲で一致し，しかも逆格子点間のベクトル算が成り立てば，それらの指数は間違いがないと考えてよい．この場合，付録 B から，010 と 101 はともに $Pbca$ の消滅則で本来消える反射であるが，多重反射により出現することがわかる．

以上の電子線回折パターンの指数付けのプロセスをまとめると，以下のようになる．

(1) フィルム上の逆格子の原点 000 の近くで，一直線上にない少なくとも 3 つの回折点を選び，000 と各回折点の距離 R_{hkl} を測って，カメラ定数 $L\lambda = R_{hkl}d_{hkl}$ の関係より，それぞれの回折点に対応する面間隔 d_{hkl} を求める．

(2) d_{hkl} の値をすべての指数について計算した面間隔の表と照らし合わせ，誤差を考慮して仮の指数付けをする．ただし，面間隔の表の指数は，等価なすべての指数を代表していることに注意する．たとえば，直方（斜方）晶系で指数 121 は，121, $\bar{1}21$, $1\bar{2}1$, $12\bar{1}$, $\bar{1}\bar{2}1$, $\bar{1}2\bar{1}$, $1\bar{2}\bar{1}$, $\bar{1}\bar{2}\bar{1}$ の 8 つの指数を代表しているので，面間隔が一致する指数としては，これらすべてが候補になることに留意する．

(3) それら指数の間でベクトル算が成り立つかどうかを確認し，指数付けが間違いないかどうかをチェックする．できれば逆格子ベクトル間の角度を計算し，実測と合っているかチェックするとなお良い．

(4) それらの逆格子点の指数をもとに，全体の逆格子点の指数を付ける．試料を傾斜させて，各逆格子点が消滅則で消えるかどうか，また多重回折により出現しているかどうかをチェックする．

付録 C　電子線回折パターンの指数付け

　なお，測定試料が構造未知の試料の場合は，X 線回折では粉末パターンしか取れなくても，電子線回折ではほとんどの場合単結晶回折パターンが取れるので，以下の要領で単位格子および可能な空間群を導くことができる．まず，電子線回折で，3 次元的に逆格子点を観察測定して，それから単位格子を推定する．1 つの粒子だけからは 3 次元的な逆格子の正確な情報は得られなくても，いくつかの粒子を測定することで，比較的正確な逆格子の単位格子が得られ，それから実格子の単位格子を得ることができる．次に，推定した単位格子の格子定数に基づいて X 線粉末回折パターンを最小二乗法により精密解析し，格子定数が精密化できるかどうかチェックする．さらに電子線回折パターンの強度分布から対称要素の有無，反射の消滅則などを調べ，可能な空間群を推定する．この作業には，後述の付表 1 が役立つ．

付表1 空間群決定の表

　天然および合成の鉱物の結晶構造を議論するときには，しばしばその空間群が問題になる．そうしたとき，この空間群決定の表（桜井，1967）はたいへん参考になる．この表は，各晶系ごとに，逆格子点の消滅則に基づいて，可能な空間群を導けるようになっている．また逆に，それぞれの空間群の構造は，どのような消滅則を満たさなければならないかも，容易にわかる．以下，閲覧するにあたっての注意点を列挙する．

(1) 消滅則の欄中 $h+k, k$ などと書いてあるのは，それらの指数が偶数の反射のみが観測されることを示し，$l=4n$ などはその反射が観測されることを示している．付録 B や C では，消滅則で消える反射の条件を示したが，ここでは逆に出現する反射の条件を書いているので注意されたい．

(2) 消滅則により組織的に空間群を決める便宜上，一部の空間群は"International Tables for X-ray Crystallography, Vol. I"に用いられているのと異なった記号が使われている．これらは右肩に * をつけて示してある．これらを"International Tables for X-ray Crystallography, Vol. I"の記号に変換するやり方は，付録 A に記してある．

(3) 空間群の欄の右端は，対称中心のある空間群である．

(4) 消滅則の中で（ ）でくくってあるのは，より一般的な消滅則の特殊な場合にすぎないことを示している．たとえば，斜方晶系で

$0kl$	$00l$	
l	(l)	$Pc2m$
	l	$Pcm2_1$

の場合，$Pc2m$ では $00l$ の l に対する消滅則を起こすような対称要素はない．しかし，$0kl$ の $l=$ 奇数の反射が 0 になるので，その特殊な場合として $00l$ の $l=$ 奇数の反射も 0 になる．

付表 1　空間群決定の表

晶　系 (ラウエ群)	消滅則 hkl	0kl	h0l	hk0	h00	0k0	00l	点群と空間群 [ ] の中の記号は点群を示す			パターン間数の空間群
三斜 ($\bar{1}$)								[1] $P1$ (1)		[$\bar{1}$] $P\bar{1}$ (2)	$P\bar{1}$ (2)
単斜 (2/m)			l			k			[2] $P2$ (3)	[2/m] $P2/m$ (10)	$P2/m$ (10)
								[m] Pm (6)		$P2_1$ (4)	$P2_1/m$ (11)
						k	(l)	Pc (7)			$P2/c$ (13)
	$h+k$	(k)	(h)	($h+k$)	(h)	(k)	(l)	Cm (8)	$C2$ (5)		$P2_1/c$ (14)
			(h), l	($h+k$)	(h)	(k)	(l)	Cc (9)			$C2/m$ (12)
											$C2/c$ (15)
直方 (斜方) (mmm)								[$mm2$] $Pmm2$ (25)	[222] $P222$ (16)	[mmm] $Pmmm$ (47)	$Pmmm$ (47)
					h		l		$P222_1$ (17)		
						k			$P2_12_12$ (18)		
							l		$P2_12_12_1$ (19)		

155

付表1　空間群決定の表

晶系(ラウエ群)	hkl	0kl	h0l	hk0	h00	0k0	00l	点群と空間群 [ ]の中の記号は点群を示す		パターソン関数の空間群
直方(斜方)(mmm)		k	h		(h)	(k)		$Pba2$ (32)	$Pbam$ (55)	$Pmmm$ (47)
				$h+k$	(h)	(k)			$Pban$ (50)	
			l	h	(h)	(k)			$Pbca$ (61)	
				$h+k$	(h)	(k)			$Pbcn$ (60)	
							(l)	$Pc2m^*$ (28)	$Pcmm^*$ (51)	
							l	$Pcm2_1^*$ (26)		
		l			(h)		(l)	$Pca2_1$ (29)	$Pcam^*$ (57)	
			l	h			(l)	$Pcc2$ (27)	$Pccm$ (49)	
				$h+k$		(k)	(l)		$Pcca$ (54)	
						(k)	(l)		$Pccn$ (56)	
		$K+l$	h				l	$Pnm2_1^*$ (31)	$Pnmm^*$ (59)	
			l		(h)	(k)	(l)	$Pna2_1$ (33)	$Pnam^*$ (62)	
			$h+1$			(k)	(l)	$Pnc2$ (30)	$Pncm^*$ (53)	
				h	(h)	(k)	(l)	$Pnn2$ (34)	$Pnna$ (58)	
				$h+k$	(h)	(k)	(l)		$Pnna$ (52)	
									$Pnnn$ (48)	

156

付表 1　空間群決定の表

$h+k$	(k)	(h)	$(h+k)$	(h)	(k)		$C222$ (21)	$Cmm2$ (35) / $Cm2m^*$ (38)	$Cmmm$ (65)
			h,k	(h)	(k)	l	$C222_1$ (20)	$C2mb^*$ (39)	$Cmma$ (67)
	$(k), l$	$(h), l$	$(h+k)$	(h)	(k)	(l)		$C2cm^*$ (40)	$Cmcm$ (63) $Cmmm$ (65)
			h,k	(h)	(k)	l		$Cmc2_1$ (36)	
	$(k), l$	$(h), l$	$(h+k)$	(h)	(k)	(l)		$C2cb^*$ (41)	$Cmca$ (64)
			h,k	(h)	(k)	(l)		$Ccc2$ (37)	$Cccm$ (66)
			$(h+k)$	(h)	(k)	(l)			$Ccca$ (68)
$h+k+l$	$(k+l)$	$(h+l)$	$(h+k)$	h	k	l	$I222$ (23)	$Imm2$ (44)	$Immm$ (71) $Immm$ (71)
							$I2_12_12_1$ (24)		
	k,l	h,l	$(h+k)$	(h)	(k)	(l)		$Ima2$ (46)	$Imam^*$ (74)
			$(h+k)$	(h)	(k)	(l)		$Iba2$ (45)	$Ibam$ (72)
			h,k	(h)	(k)	(l)			$Ibca$ (73)
$h+k$ $k+l$ $l+h$	(k,l)	(h,l)	(h,k)	(h)	(k)	(l)	$F222$ (22)	$Fmm2$ (42)	$Fmmm$ (69) $Fmmm$ (69)
	(k,l) $k+l=4n$	(h,l) $l+h=4n$	(h,k) $h+k=4n$	$(h=4n)$	$(k=4n)$	$(l=4n)$		$Fdd2$ (43)	$Fddd$ (70)
			$h+k=4n$	$(h=4n)$	$(k=4n)$	$(l=4n)$			

直方
(斜方)
(mmm)

157

付表1　空間群決定の表

晶系(ラウエ群)	消滅則 hkl	0kl	h0l	hk0	h00	0k0	00l	点群と空間群 [ ]の中の記号は点群を示す			パターソン関数の空間群
								[4]	[$\bar{4}$]	[4/m]	
正方 (4/m)								$P4$ (75)	$P\bar{4}$ (81)	$P4/m$ (83)	$P4/m$ (83)
							l	$P4_2$ (77)		$P4_2/m$ (84)	
							$l=4n$	$P4_1$ (76) $P4_3$ (78)			
				$h+k$	(h)	(k)	l			$P4/n$ (85)	
				$(h+k)$	(h)	(k)	(l)			$P4_2/n$ (86)	
	$h+k+l$	$(k+l)$	$(h+l)$				$l=4n$	$I4$ (79)	$I\bar{4}$ (82)	$I4/m$ (87)	$I4/m$ (87)
				h,k	(h)	(k)	$l=4n$	$I4_1$ (80)		$I4_1/a$ (88)	

158

付表 1 　空間群決定の表

晶　系 (ラウエ群)	消　滅　則						点群と空間群 [ ]の中の記号は点群を示す						パターン関数の空間群
	hkl	$hk0$	$h0l$	hhl	$h00$	$00l$	$[\bar{4}2m]$	$[4mm]$	$[422]$	$[4/mmm]$	
正　方 $(4/mmm)$							$P\bar{4}2m$ (111) $P\bar{4}m2$ (115)	$P4mm$ (99)	$P422$ (89)	$P4/mmm$ (123)	$P4/mmm$ (123)
						l			$P4_222$ (93)		
						$l=4n$			$P4_122$ (91) $P4_322$ (95)		
						l	$P\bar{4}2_1m$ (113)		$P42_12$ (90)		
						$l=4n$			$P4_12_12$ (94) $P4_32_12$ (96)		
					(l)	(l)	$P\bar{4}2c$ (112)	$P4_2mc$ (105)		$P4_2/mmc$ (131)	
			l	h		(l)	$P\bar{4}2_1c$ (114)				
			l	(h)	(l)	$P\bar{4}b2$ (117)	$P4bm$ (100)		$P4/mbm$ (127)	
				(h)	(l)		$P4_2bc$ (106)		$P4_2/mbc$ (135)	
		h			(l)	$P\bar{4}c2$ (116)	$P4_2cm$ (101)		$P4_2/mcm$ (132)	
		l	l		(l)		$P4cc$ (103)		$P4/mcc$ (124)	

159

付表1　空間群決定の表

晶　系 (ラウエ群)	\multicolumn{6}{c	}{消　滅　則}	点群と空間群 [ ]の中の記号は点群を示す			パターソン関数の空間群
	hkl	$hk0$	$h0l$	hhl	$h00$	$00l$				
正　方 $(4/mmm)$			$h+l$		(h)	(l)	$P\bar{4}n2$ (118)	$P4_2nm$ (102)	$P4_2/mnm$ (136)	$P4/mmm$ (123)
				l	(h)	l		$P4nc$ (104)	$P4/mnc$ (128)	
				l	(h)	(l)			$P4/nmm$ (129)	
					(h)				$P4_2/nmc$ (137)	
			h		(h)				$P4/nbm$ (125)	
				l	(h)	l			$P4_2/nbc$ (133)	
			$h+l$	l	(h)	l			$P4_2/ncm$ (138)	
					(h)	(l)			$P4/ncc$ (130)	
					(h)	l			$P4_2/nnm$ (134)	
					(h)	(l)			$P4/nnc$ (126)	
		$(h+k)$	$(h+l)$	(l)	(h)	(l)	$I\bar{4}m2$ (119)	$I4mm$ (107)	$I4/mmm$ (139)	$I4/mmm$ (139)
				$2h+l=4n$		$l=4n$	$I\bar{4}2d$ (122)	$I4_1md$ (109)		
						$(l=4n)$				
						$l=4n$		$I4_122$ (98)		
			h,l	(l)	(h)	(l)	$I\bar{4}c2$ (120)	$I4cm$ (108)	$I4/mcm$ (140)	
			$(h+l)$	$2h+l=4n$	(h)	$l=4n$		$I4_1cd$ (110)	$I4_1/amd$ (141)	
		h,k	h,l	$2h+l=4n$	(h)	$l=4n$			$I4_1/acd$ (142)	
	$h+k+l$						$I422$ (97)			

付表1　空間群決定の表

晶系(ラウエ群)	消滅則 hkl	0kl	hhl	h$\bar{h}$l	00l	点群と空間群 [ ]の中の記号は点群を示す			パターン関数の空間群
三方 (3) $\bar{3}$						[3] P3 (143) P3$_1$ (144) P3$_2$ (145)		[$\bar{3}$] P$\bar{3}$ (147)	P$\bar{3}$ (147)
					$l=3n$				
	$h-k+l=3n$			$2h+l=3n$	($l=3n$)	R3 (146)		R$\bar{3}$ (148)	R$\bar{3}$ (148)
三方 (3m) $\bar{3}m$						[3m] P3m1 (156)	[32] P321 (150) P3$_1$21 (152) P3$_2$21 (154)	[$\bar{3}m$] P$\bar{3}m1$ (164)	P$\bar{3}m1$ (164)
			l		$l=3n$				
					(l)	P3c1 (158)		P$\bar{3}c1$ (165)	
						P31m (157)	P312 (149) P3$_1$12 (151) P3$_2$12 (153)	P$\bar{3}1m$ (162)	P$\bar{3}1m$ (162)
		($l=3n$)			(l)	P31c (159)		P$\bar{3}1c$ (163)	
	$h-k+l=3n$			(2h+l=3n) 2h+l=6n	($l=3n$) ($l=6n$)	R3m (160) R3c (161)	R32 (155)	R$\bar{3}m$ (166) R$\bar{3}c$ (167)	R$\bar{3}m$ (166)

161

付表1　空間群決定の表

晶　系 (ラウエ群)	消　滅　則				点群と空間群 [ ] の中の記号は点群を示す			パターン関 数の空間群
	hkl	$0kl$	$h\bar{h}l$	$00l$				
六　方 $(6/m)$					[6] $P6$ (168)	$[\bar{6}]$ $P\bar{6}$ (174)	$[6/m]$ $P6/m$ (175)	$P6/m$ (175)
				$l=6n$	$P6_1$ (169) $P6_5$ (170)			
				$l=3n$	$P6_2$ (171) $P6_4$ (172)			
				l	$P6_3$ (173)		$P6_3/m$ (176)	
六　方 $(6/mmm)$					$[\bar{6}m2]$ $P\bar{6}m2$ (187) $P\bar{6}2m$ (189)	$[6mm]$ $P6mm$ (183)	$[622]$ $P622$ (177)	$[6/mmm]$ $P6/mmm$ (191)	$P6/mmm$ (191)
				$l=6n$			$P6_122$ (178) $P6_522$ (179)	
				$l=3n$			$P6_222$ (180) $P6_422$ (181)	
			l	l			$P6_322$ (182)	
				(l)	$P\bar{6}c2$ (188)	$P6_3cm$ (185)		$P6_3/mcm$ (193)	
			l	(l)	$P\bar{6}2c$ (190)	$P6_3mc$ (186)		$P6_3/mmc$ (194)	
				(l)		$P6cc$ (184)		$P6/mcc$ (192)	
立　方 $(m3)$					$[23]$ $P23$ (195)			$[m3]$ $Pm3$ (200)	$Pm3$ (200)

付表 1 空間群決定の表

立方 (m3)	$h+k+l$	$k+l$		l	$P2_13$ (198)		$Pm3$ (200)
		k		(l)		$Pn3$ (201) $Pa3$ (205)	
				l	$I23$ (197)	$Im3$ (204)	$Im3$ (204)
		$(k+l)$		l	$I2_13$ (199)		
	$h+k$ $k+l$ $l+h$	k,l		(l)	$F23$ (196)	$Ia3$ (206)	$Fm3$ (202)
		(k,l)		(l)		$Fm3$ $Fd3$ (202) (203)	
		$k+l=4n$		$(l=4n)$			
					$[\bar{4}3m]$	$[m3m]$	
立方 (m3m)					$P\bar{4}3m$ (215)	$Pm3m$ (221)	$Pm3m$ (221)
				$l=4n$		$P432$ (207) $P4_132$ (213) $P4_332$ (212)	
			l	l		$P4_232$ (208)	
				(l)	$P\bar{4}3n$ (218)		
		$k+l$		(l)		$Pm3n$ (223)	
			l	(l)		$Pn3n$ (224)	
				(l)		$Pn3n$ (222)	

163

付表 1　空間群決定の表

晶系 (ラウエ群)	消滅則 hkl	0kl	hhl	00l	点群と空間群 [ ]の中の記号は点群を示す [$\bar{4}3m$]	[432]	[$m3m$]	パターン関数の空間群
立方 ($m3m$)				(l)	$I\bar{4}3m$ (217)	$I432$ (211)	$Im3m$ (229)	$Im3m$ (229)
	$h+k+l$	($k+l$)		$l=4n$		$I4_132$ (214)		
			$2h+l=4n$	$l=4n$	$I\bar{4}3d$ (220)			
		k, l	$2h+l=4n$				$Ia3d$ (230)	
			($h+l$)	(l)	$F\bar{4}3m$ (216)	$F432$ (209)	$Fm3m$ (225)	$Fm3m$ (225)
	$h+k$, $k+l$, $l+h$	(k, l)	h, l	$l=4n$	$F\bar{4}3c$ (219)	$F4_132$ (210)	$Fm3c$ (226)	
			($h+l$)	(l)			$Fd3m$ (227)	
		$k+l=4n$	h, l	$l=4n$			$Fd3c$ (228)	

(桜井, 1967)

付表 2 有効イオン半径の表

結晶内の原子間距離を再現する原子あるいはイオンに固有の半径を求めようとの試みは昔からいろいろあったが，これまでのところ，それに最も成功しているのが，Shannon and Prewitt (1969) あるいはそれの拡張版である Shannon (1976) の有効イオン半径の表といってよいであろう．この表は，6 配位の酸素イオンの半径を 1.40 Å と仮定し，約 1,000 に及ぶ酸化物およびフッ化物の構造解析データにおける原子間距離をできるだけ忠実に再現するように得られた各イオンの半径表である．この表では，各陽イオンの価数，配位数，スピン状態を考慮して値が求められている．

以下の表における略号の意味は，次のようである．ION：イオン種，CN：配位数，SP：スピン状態，'IR'：有効イオン半径，表中の IIIPY：四面体の 1 つの頂点が抜けた 3 配位，IVSQ：平面 4 配位，HS：高スピン，LS：低スピン．

付表 2 有効イオン半径

ION	CN	SP	'IR'	ION	CN	SP	'IR'	ION	CN	SP	'IR'
Ac^{3+}	VI		1.12	Am^{3+}	VI		0.975		IX		1.47
Ag^{1+}	II		0.67		VIII		1.09		X		1.52
	IV		1.00	Am^{4+}	VI		0.85		XI		1.57
	IVSQ		1.02		VIII		0.95		XII		1.61
	V		1.09	As^{3+}	VI		0.58	Be^{2+}	III		0.16
	VI		1.15	As^{5+}	IV		0.335		IV		0.27
	VII		1.22		VI		0.46		VI		0.45
	VIII		1.28	At^{7+}	VI		0.62	Bi^{3+}	V		0.96
Ag^{2+}	IVSQ		0.79	Au^{1+}	VI		1.37		VI		1.03
	VI		0.94	Au^{3+}	IVSQ		0.68		VIII		1.17
Ag^{3+}	IVSQ		0.67		VI		0.85	Bi^{5+}	VI		0.76
	VI		0.75	Au^{5+}	VI		0.57	Bk^{3+}	VI		0.96
Al^{3+}	IV		0.39	B^{3+}	III		0.01	Bk^{4+}	VI		0.83
	V		0.48		IV		0.11		VIII		0.93
	VI		0.535		VI		0.27	Br^{1-}	VI		1.96
Am^{2+}	VII		1.21	Ba^{2+}	VI		1.35	Br^{3+}	IVSQ		0.59
	VIII		1.26		VII		1.38	Br^{5+}	IIIPY		0.31
	IX		1.31		VIII		1.42	Br^{7+}	IV		0.25

付表 2　有効イオン半径の表

付表 2　有効イオン半径（つづき）

ION	CN	SP	'IR'	ION	CN	SP	'IR'	ION	CN	SP	'IR'
	VI		0.39	Cr^{6+}	IV		0.26	Fe^{6+}	IV		0.25
C^{4+}	III		−0.08		VI		0.44	Fr^{1+}	VI		1.80
	IV		0.15	Cs^{1+}	VI		1.67	Ga^{3+}	IV		0.47
	VI		0.16		VIII		1.74		V		0.55
Ca^{2+}	VI		1.00		IX		1.78		VI		0.620
	VII		1.06		X		1.81	Gd^{3+}	VI		0.938
	VIII		1.12		XI		1.85		VII		1.00
	IX		1.18		XII		1.88		VIII		1.053
	X		1.23	Cu^{1+}	II		0.46		IX		1.107
	XII		1.34		IV		0.60	Ge^{2+}	VI		0.73
Cd^{2+}	IV		0.78		VI		0.77	Ge^{4+}	IV		0.390
	V		0.87	Cu^{2+}	IV		0.57		VI		0.530
	VI		0.95		IVSQ		0.57	H^{1+}	I		−0.38
	VII		1.03		V		0.65		II		−0.18
	VIII		1.10		VI		0.73	Hf^{4+}	IV		0.58
	XII		1.31	Cu^{3+}	VI	LS	0.54		VI		0.71
Ce^{3+}	VI		1.01	D^{1+}	II		−0.10		VII		0.76
	VII		1.07	Dy^{2+}	VI		1.07		VIII		0.83
	VIII		1.143		VII		1.13	Hg^{1+}	III		0.97
	IX		1.196		VIII		1.19		VI		1.19
	X		1.25	Dy^{3+}	VI		0.912	Hg^{2+}	II		0.69
	XII		1.34		VII		0.97		IV		0.96
Ce^{4+}	VI		0.87		VIII		1.027		VI		1.02
	VIII		0.97		IX		1.083		VIII		1.14
	X		1.07	Er^{3+}	VI		0.890	Ho^{3+}	VI		0.901
	XII		1.14		VII		0.945		VIII		1.015
Cf^{3+}	VI		0.95		VIII		1.004		IX		1.072
Cf^{4+}	VI		0.821		IX		1.062		X		1.12
	VIII		0.92	Eu^{2+}	VI		1.17	I^{1-}	VI		2.20
Cl^{1-}	VI		1.81		VII		1.20	I^{5+}	IIIPY		0.44
Cl^{5+}	IIIPY		0.12		VIII		1.25		VI		0.95
Cl^{7+}	IV		0.08		IX		1.30	I^{7+}	IV		0.42
	VI		0.27		X		1.35		VI		0.53
Cm^{3+}	VI		0.97	Eu^{3+}	VI		0.947	In^{3+}	IV		0.62
Cm^{4+}	VI		0.85		VII		1.01		VI		0.800
	VIII		0.95		VIII		1.066		VIII		0.92
Co^{2+}	IV	HS	0.58		IX		1.120	Ir^{3+}	VI		0.68
	V		0.67	F^{1-}	II		1.285	Ir^{4+}	VI		0.625
	VI	LS	0.65		III		1.30	Ir^{5+}	VI		0.57
		HS	0.745		IV		1.31	K^{1+}	IV		1.37
	VIII		0.90		VI		1.33		VI		1.38
Co^{3+}	VI	LS	0.545	F^{7+}	VI		0.08		VII		1.46
		HS	0.61	Fe^{2+}	IV	HS	0.63		VIII		1.51
Co^{4+}	IV		0.40		IVSQ	HS	0.64		IX		1.55
	VI	HS	0.53		VI	LS	0.61		X		1.59
Cr^{2+}	VI	LS	0.73			HS	0.780		XII		1.64
		HS	0.80		VIII	HS	0.92	La^{3+}	VI		1.032
Cr^{3+}	VI		0.615	Fe^{3+}	IV	HS	0.49		VII		1.10
Cr^{4+}	IV		0.41		V		0.58		VIII		1.160
	VI		0.55		VI	LS	0.55		IX		1.216
Cr^{5+}	IV		0.345			HS	0.645		X		1.27
	VI		0.49		VIII	HS	0.78		XII		1.36
	VIII		0.57	Fe^{4+}	VI		0.585	Li^{1+}	IV		0.590

付表2　有効イオン半径（つづき）

ION	CN	SP	'IR'	ION	CN	SP	'IR'	ION	CN	SP	'IR'
Lu^{3+}	VI		0.76		VIII		1.109		VI		0.775
	VIII		0.92		IX		1.163		VIII		0.94
	VI		0.861	Ni^{2+}	XII		1.27	Pd^{1+}	II		0.59
	VIII		0.977		IV		0.55	Pd^{2+}	IVSQ		0.64
	IX		1.032		IVSQ		0.49		VI		0.86
Mg^{2+}	IV		0.57		V		0.63	Pd^{3+}	VI		0.76
	V		0.66		VI		0.690	Pd^{4+}	VI		0.615
	VI		0.720	Ni^{3+}	VI	L5	0.56	Pm^{3+}	VI		0.97
	VIII		0.89			HS	0.60		VIII		1.093
Mn^{2+}	IV	HS	0.66	Ni^{4+}	VI	LS	0.48		IX		1.144
	V	HS	0.75	No^{2+}	VI		1.1	Po^{4+}	VI		0.94
	VI	LS	0.67	Np^{2+}	VI		1.10		VIII		1.08
		HS	0.830	Np^{3+}	VI		1.01	Po^{6+}	VI		0.67
	VII	HS	0.90	Np^{4+}	VI		0.87	Pr^{3+}	VI		0.99
	VIII		0.96		VIII		0.98		VIII		1.126
Mn^{3+}	V		0.58	Np^{5+}	VI		0.75		IX		1.179
	VI	LS	0.58	Np^{6+}	VI		0.72	Pr^{4+}	VI		0.85
		HS	0.645	Np^{7+}	VI		0.71		VIII		0.96
Mn^{4+}	IV		0.39	O^{2-}	II		1.35	Pt^{2+}	IVSQ		0.60
	VI		0.530		III		1.36		VI		0.80
Mn^{5+}	IV		0.33		IV		1.38	Pt^{4+}	VI		0.625
Mn^{6+}	IV		0.255		VI		1.40	Pt^{5+}	VI		0.57
Mn^{7+}	IV		0.25		VIII		1.42	Pu^{3+}	VI		1.00
	VI		0.46	OH^{1-}	II		1.32	Pu^{4+}	VI		0.86
Mo^{3+}	VI		0.69		III		1.34		VIII		0.96
Mo^{4+}	VI		0.650		IV		1.35	Pu^{5+}	VI		0.74
Mo^{5+}	IV		0.46		VI		1.37	Pu^{6+}	VI		0.71
	VI		0.61	Os^{4+}	VI		0.630	Ra^{2+}	VIII		1.48
Mo^{6+}	IV		0.41	Os^{5+}	VI		0.575		XII		1.70
	V		0.50	Os^{6+}	V		0.49	Rb^{1+}	VI		1.52
	VI		0.59		VI		0.545		VII		1.56
	VII		0.73	Os^{7+}	VI		0.525		VIII		1.61
N^{3-}	IV		1.46	Os^{8+}	IV		0.39		IX		1.63
N^{3+}	VI		0.16	P^{3+}	VI		0.44		X		1.66
N^{5+}	III		−0.104	P^{5+}	IV		0.17		XI		1.69
	VI		0.13		V		0.29		XII		1.72
Na^{1+}	IV		0.99		VI		0.38		XIV		1.83
	V		1.00	Pa^{3+}	VI		1.04	Re^{4+}	VI		0.63
	VI		1.02	Pa^{4+}	VI		0.90	Re^{5+}	VI		0.58
	VII		1.12		VIII		1.01	Re^{6+}	VI		0.55
	VIII		1.18	Pa^{5+}	VI		0.78	Re^{7+}	IV		0.38
	IX		1.24		VIII		0.91		VI		0.53
	XII		1.39		IX		0.95	Rh^{3+}	VI		0.665
Nb^{3+}	VI		0.72	Pb^{2+}	IVPY		0.98	Rh^{4+}	VI		0.60
Nb^{4+}	VI		0.68		VI		1.19	Rh^{5+}	VI		0.55
	VIII		0.79		VII		1.23	Ru^{3+}	VI		0.68
Nb^{5+}	IV		0.48		VIII		1.29	Ru^{4+}	VI		0.620
	VI		0.64		IX		1.35	Ru^{5+}	VI		0.565
	VII		0.69		X		1.40	Ru^{7+}	IV		0.38
	VIII		0.74		XI		1.45	Ru^{8+}	IV		0.36
Nd^{2+}	VIII		1.29		XII		1.49	S^{2-}	VI		1.84
	IX		1.35	Pb^{4+}	IV		0.65	S^{4+}	VI		0.37
Nd^{3+}	VI		0.983		V		0.73	S^{6+}	IV		0.12

付表 2　有効イオン半径の表

付表 2　有効イオン半径（つづき）

ION	CN	SP	'IR'	ION	CN	SP	'IR'	ION	CN	SP	'IR'
	VI		0.29		VIII		0.88	U^{6+}	II		0.45
Sb^{3+}	IVPY		0.76	Tc^{4+}	VI		0.645		IV		0.52
	V		0.80	Tc^{5+}	VI		0.60		VI		0.73
	VI		0.76	Tc^{7+}	IV		0.37		VII		0.81
Sb^{5+}	VI		0.60		VI		0.56		VIII		0.86
Sc^{3+}	VI		0.745	Te^{2-}	VI		2.21	V^{2+}	VI		0.79
	VIII		0.870	Te^{4+}	III		0.52	V^{3+}	VI		0.640
Se^{2-}	VI		1.98		IV		0.66	V^{4+}	V		0.53
Se^{4+}	VI		0.50		VI		0.97		VI		0.58
Se^{6+}	IV		0.28	Te^{6+}	IV		0.43		VIII		0.72
	VI		0.42		VI		0.56	V^{5+}	IV		0.355
Si^{4+}	IV		0.26	Th^{4+}	VI		0.94		V		0.46
	VI		0.400		VIII		1.05		VI		0.54
Sm^{2+}	VII		1.22		IX		1.09	W^{4+}	VI		0.66
	VIII		1.27		X		1.13	W^{5+}	VI		0.62
	IX		1.32		XI		1.18	W^{6+}	IV		0.42
Sm^{3+}	VI		0.958		XII		1.21		V		0.51
	VII		1.02	Ti^{2+}	VI		0.86		VI		0.60
	VIII		1.079	Ti^{3+}	VI		0.670	Xe^{8+}	IV		0.40
	IX		1.132	Ti^{4+}	IV		0.42		VI		0.48
	XII		1.24		V		0.51	Y^{3+}	VI		0.900
Sn^{4+}	IV		0.55		VI		0.605		VII		0.96
	V		0.62		VIII		0.74		VIII		1.019
	VI		0.690	Tl^{1+}	VI		1.50		IX		1.075
	VII		0.75		VIII		1.59	Yb^{2+}	VI		1.02
	VIII		0.81		XII		1.70		VII		1.08
Sr^{2+}	VI		1.18	Tl^{3+}	IV		0.75		VIII		1.14
	VII		1.21		VI		0.885	Yb^{3+}	VI		0.868
	VIII		1.26		VIII		0.98		VII		0.925
	IX		1.31	Tm^{2+}	VI		1.03		VIII		0.985
	X		1.36		VII		1.09		IX		1.042
	XII		1.44	Tm^{3+}	VI		0.880	Zn^{2+}	IV		0.60
Ta^{3+}	VI		0.72		VIII		0.994		V		0.68
Ta^{4+}	VI		0.68		IX		1.052		VI		0.740
Ta^{5+}	VI		0.64	U^{3+}	VI		1.025		VIII		0.90
	VII		0.69	U^{4+}	VI		0.89	Zr^{4+}	IV		0.59
	VIII		0.74		VII		0.95		V		0.66
Tb^{3+}	VI		0.923		VIII		1.00		VI		0.72
	VII		0.98		IX		1.05		VII		0.78
	VIII		1.040		XII		1.17		VIII		0.84
	IX		1.095	U^{5+}	VI		0.76		IX		0.89
Tb^{4+}	VI		0.76		VII		0.84				

（Shannon, 1976 を改変）

参考文献

本書の執筆にあたり，引用した参考文献を下に示すが，執筆の全般にわたり以下の本を参考にした．これらの本は，結晶学，鉱物学の参考書としても役立つものと思われる．

[1] "Electron Microscopy in Mineralogy"（1976）H. -R. Wenk 編, Springer-Verlag.
[2] 『X 線結晶解析』（1967）桜井敏雄 著，裳華房．
[3] 岩波講座地球科学 2『地球の物質科学 I』（1978）秋本俊一・水谷　仁 編，岩波書店．
[4] 岩波講座地球科学 3『地球の物質科学 III』（1978）松井義人・坂野昇平 編，岩波書店．
[5] 岩波講座地球惑星科学 5『地球惑星物質科学』（1996）住　明正・平　朝彦・鳥海光弘・松井孝典 編，岩波書店．
[6] "International Tables for X-ray Crystallography, Vol. I"（1972）The Kynoch Press.
[7] "Introduction to Mineral Sciences"（1992）A. Putnis 著, Cambridge University Press.
[8] 『鉱物学』（1975）森本信男・砂川一郎・都城秋穂 著，岩波書店．
[9] 『固体の熱力学』（上原ほか 訳）（1965）R. A. Swalin 著，コロナ社．
[10] 『熱力学』（1977）妹尾　学 著，サイエンス社．
[11] "Principles of Mineral Behavior"（1980）A. Putnis and J. D. C. McConnell 著, Blackwell Scientific Publications.
[12] 『透過電子顕微鏡法』（諸住ほか 訳）（1974）P. B. Hirsch, A. Howie, R. B. Nicholson, D. W. Pashley, and M. J. Whelan 著，コロナ社．
[13] 『造岩鉱物学』（1989）森本信男 著，東京大学出版会．

以下引用した参考文献を記す．

[14] 赤荻正樹（1996）地球構成物質の高圧相転移と熱力学．住　明正・平　朝彦・鳥海光弘・松井孝典 編，『地球惑星物質科学』，岩波講座地球惑星科学 5, pp.123-176, 岩波書店．
[15] 赤荻正樹（2003）超高圧実験による地球内部の解明．毛利信男 編，『新しい高圧力の科学』, pp.222-243, 講談社サイエンティフィク．
[16] Bertka, C. M. and Fei, Y.（1997）Mineralogy of the Martian interior up to core-mantle boundary pressures. *J. Geophys. Res.*, **102**, 5251-5264.
[17] Bloss, F. D.（1994）"Crystallography and Crystal Chemistry", 545pp., Mineralogical Society of America.
[18] Boland, J. N. and Liu, L. G.（1983）Olivine to spinel transformation in Mg_2SiO_4

via faulted structures. *Nature*, **303**, 233-235.

[19] Cahn, J. W.（1956）The kinetics of grain boundary nucleated reactions. *Acta Metallurgica*, **4**, 449-459.

[20] Cameron, M., Sueno, S., Prewitt, C. T., and Papike, J. J.（1973）High-temperature crystal chemistry of acmite, diopside, hedenbergite, jadite, spodumene, and ureyite. *Am. Mineral.*, **58**, 594-618.

[21] Craig, J. R. and Scott, S. D.（1974）Sulfide phase equilibria. *In*: "Sulfide Mineralogy"（Ribbe, P. H. ed.）, Mineralogical Society of America., CS1-CS110.

[22] Deer, W. A., Howie, R. A., and Zussman, J.（1992）"An Introduction to the Rock-Forming Minerals"（2nd ed.）, 696pp., Longman Scientific and Technical.

[23] Fujino, K. and Takeuchi, Y.（1978） Crystal chemistry of titanian chondrodite and clinohumite of high-pressure origin. *Am. Mineral.*, **63**, 535-543.

[24] Fujino, K., Sasaki, S., Takeuchi, Y., and Sadanaga, R.（1981）X-ray determination of electron distributions in forsterite, fayalite and tephroite. *Acta Cryst.*, **B37**, 513-518.

[25] Fujino, K., Furo, K., and Momoi, H.（1988）Preferred orientation of antiphase boundaries in pigeonite as a cooling ratemeter. *Phys. Chem. Minerals*, **15**, 329-335.

[26] Fujino, K. and Irifune, T.（1990）Transformation mechanism of olivine to modified spinel in Mg_2SiO_4 under stress. *Proc. Jpn. Acad.*, **66**, 157-162.

[27] Fujino, K., Nakazaki, H., Momoi, H., Karato, S., and Kohlstedt, D. L.（1993） TEM observation of dissociated dislocations with b = [010] in naturally deformed olivine. *Phys. Earth Planet. Inter.*, **78**, 131-137.

[28] Fujino, K., Nishio-Hamane, D., Suzuki, K., Izumi, H., Seto, Y., and Nagai, T. （2009）Stability of the perovskite structure and possibility of the transition to the post-perovskite structure in $CaSiO_3$, $FeSiO_3$, $MnSiO_3$ and $CoSiO_3$. *Phys. Earth Planet. Inter.*, **177**, 147-151.

[29] Fujino, K., Nishio-Hamane, D., Seto, Y., Sata, N., Nagai, T., Shinmei, T., Irifune, T., Ishii, H., Hiraoka, N., Cai, Q., and Tsuei, K.-D.（2012）Spin transition of ferric iron in Al-bearing Mg-perovskite up to 200 GPa and its implication for the lower amantle. *Earth Planet. Sci. Lett.*, **317-318**, 407-412.

[30] Goldschmidt, V.（1926）Die Gesetze der Krystallochemie. *Naturwissenschaften*, **14**, 477-485.

[31] Hall, S. R. and Stewart, J. M.（1973） The crystal structure refinement of chalcopyrite, $CuFeS_2$. *Acta Cryst.*, **B29**, 579-585.

[32] Hazen, R. M.（1976） Effect of temperature and pressure on the cell dimension

and X-ray temperature factors of periclase. *Am. Mineral.*, **61**, 266-271.

[33] Hazen, R. M., Downs, R. T., and Finger, L. W. (1993) Crystal chemistry of ferromagnesian silicate spinels: Evidence for Mg-Si disorder. *Am. Mineral.*, **78**, 1320-1323.

[34] Holmes, A. (1978) "Principles of Physical Geology" (third ed.), 730pp., Thomas Nelson and Sons.

[35] Horiuchi, H., Ito, E., and Weidner, D. (1987) Perovskite-type MgSiO$_3$: Single-crystal X-ray diffraction study. *Am. Mineral.*, **72**, 357-360.

[36] Hugh-Jones, D. A. and Angel, R. J. (1994) A compressional study of MgSiO$_3$ orthoenstatite up to 8.5 GPa. *Am. Mineral.*, **79**, 405-410.

[37] 井田喜明・水谷 仁 (1978) 弾性論の基礎．秋本俊一・水谷 仁 編，『地球の物質科学 I』，岩波講座地球科学 2，pp.1-100，岩波書店．

[38] Inoue, T., Yurimoto, H., and Kudoh, Y. (1995) Hydrous modified spinel, Mg$_{1.75}$SiH$_{0.5}$O$_4$: A new water reservoir in the mantle transition region. *Geophys. Res. Lett.*, **22**, 117-120.

[39] "International Tables for X-ray Crystallography, Vol. I" (1972) The Kynoch Press.

[40] Karato, S. (2013) Electrical conductivity of minerals and rocks. *In*: "Physics and Chemistry of the Deep Earth" (Karato, S. ed.), Wiley-Blackwell.

[41] Kerschhofer, L., Sharp, T. G., and Rubie, D. (1996) Intracrystalline transformation of olivine to wadsleyite and ringwoodite under subduction zone conditions. *Science*, **274**, 79-81.

[42] 久保友明 (2007) 地球マントル鉱物の高圧相転移カイネティクス．高圧力の科学と技術，**17**，159-172．

[43] Kudoh, Y., Inoue, T., and Arashi, H. (1996) Structure and crystal chemistry of hydrous wadsleyite, Mg$_{1.75}$SiH$_{0.5}$O$_4$: Possible hydrous magnesium silicate in the mantle transition zone. *Phys. Chem. Minerals*, **23**, 461-469.

[44] Lewis, J., Schwarzenbach, D., and Flack, H. D. (1982) *Acta Cryst.*, **A38**, 733-739.

[45] Liu, L. (1974) Silicate perovskite from phase transformations of pyrope-garnet at high pressure and temperature. *Geophys. Res. Lett.*, **1**, 277-280.

[46] Marumo, F., Isobe, M., Saito, T., Yagi, T., and Akimoto, S. (1974) Electron-density distribution in crystals of γ-Ni$_2$SiO$_4$. *Acta Cryst.*, **B30**, 1904-1906.

[47] Masuda, R., Kobayashi, Y., Kitano, S., Kurokuzu, M., Saito, M., Yoda, Y., Mitsui, T., Iga, F., and Seto, M. (2014) Synchrotron radiation-based Mössbauer sepectra of 174Yb measured with internal conversion electrons. *Appl. Phys. Lett.*, **104**, 82411.

[48] Mejer, W. M. and Villiger, H. (1969) Die Methode der Abstandverfeinerung zur

Bestimmung der Atomkoordinaten idealisierter Gerüststrukturen. *Z. Kristallogr.*, **129**, 411-423.

[49] Momma, K. and Izumi, F.（2011）VESTA 3 for three-dimensional visualization of crystal, volumetric and morphology data. *J. Appl. Crystallogr.*, **44**, 1272.

[50] 森本信男（1989）『造岩鉱物学』, 268pp., 東京大学出版会.

[51] 森本信男・砂川一郎・都城秋穂（1975）『鉱物学』, 640pp., 岩波書店.

[52] Murakami, M., Hirose, K., Kawamura, K., Sata, N., and Ohishi, Y.（2004）Post-perovskite phase transition in MgSiO$_3$. *Science*, **304**, 855-858.

[53] 野村貴美（2003）シンクロトロン放射光を用いたメスバウアースペクトロメトリー —（Ⅱ）核共鳴前方散乱法—. *Radioisotopes*, **52**, 293-307.

[54] Novak, G. A. and Gibbs, G. V.（1971）The crystal chemistry of the silicate garnets. *Am. Mineral.*, **56**, 791-825.

[55] Ohuchi, T., Karato, S., and Fujino, K.（2010）Strength of single-crystal orthpyroxene under lithospheric conditions. *Contrib. Mineral. Petrol.*, **52**, 29-55.

[56] Ohuchi, T., Fujino, K., Kawazoe, T., and Irifune, T.（2014）Crystallographic preferred orientation of wadsleyite and ringwoodite: Effects of phase transition and water on seismic anisotropy in the mantle transition zone. *Earth Planet. Sci. Lett,.* **397**, 133-144.

[57] Oganov, A. R. and Ono, S.（2004）Theoretical and experimental evidence for a post-perovskite phase of MgSiO$_3$ in Earth's D"layer. *Nature*, **430**, 445-448.

[58] Pauling, L.（1960）"The Nature of the Chemical Bond"（3rd ed.）, Cornell University Press.

[59] Peterson, R. C., Lager, G. A., Hitterman, R. L.（1991）A time-of-flight neutron powder diffraction study of MgAl$_2$O$_4$ at temperatures up to 1273 K. *Am. Mineral.*, **76**, 1455-1458.

[60] Price, G. D.（1981）Subsolidus phase relations in the titanomagnetite solid solution series. *Am. Mineral.*, **66**, 751-758,

[61] Remsberg, A. R., Boland, J. N., Gasparik, T., Liebermann, R. C.（1988）Mechanism of the olivine-spinel transformation in Co$_2$SiO$_4$. *Phys. Chem. Mirerals*, **15**, 498-506.

[62] 桜井敏雄（1967）『X 線結晶解析』, 401pp., 裳華房.

[63] 佐野博敏（1972）『メスバウアー分光学』, 308pp., 講談社.

[64] Shannon, R. D.（1976）Revised effective ionic radii and systematic studies of interatomic distances in halides and chalcogenides. *Acta Cryst.*, **A32**, 751-767.

[65] Shannon, R. D. and Prewitt, C. T.（1969）Effective ionic radii in oxides and fluorides. *Acta Cryst.*, **B25**, 925-946.

- [66] Skinner, B. J. (1961) Unit-cell edges of natural and synthetic sphalerites. *Am. Mineral.*, **46**, 1399-1411.
- [67] 鈴木 平 編著（1985）『転位のダイナミックスと塑性』, 259pp., 裳華房.
- [68] Tomioka, N. and Fujino, K. (1997) Natural (Mg,Fe) SiO$_3$-ilmenite and -perovskite in the Tenham meteorite. *Science*, **277**, 1084-1086.
- [69] Tschauner, O., Ma, C., Beckett, J. R., Prescher, C., Prakapenka, V. B., and Rossman, G. R. (2014) Discovery of bridgmanite, the most abundant mineral in Earth, in a shocked meteorite. *Science*, **346**, 1100-1102.
- [70] Wechsler, B. A. and Prewitt, C. T. (1984) Crystal structure of ilmenite (FeTiO$_3$) at high temperature and high pressure. *Am. Mineral.*, **69**, 176-185.

索　引

あ 行

アブラミの式　114
アルカリ輝石　75
アルマンディン　78
暗視野像　44
アンドラダイト　78
アンビル　140

イオン結合　87
イオン半径　91
1次の相変態　108
イノケイ酸塩　73
イルメナイト　64

ウイークビーム　44
ウスタイト　63

映進面　20
sp^3混成軌道　89
X線構造解析　26
X線発光分光　58
X線分析　3
エレクトロンプローブマイクロアナリシス　4
エワルドの反射球　33
エンスタタイト　75
エンタルピー　100
エントロピー　98

オイラー記述　127
黄銅鉱　70
応力　125

か 行

回折　27
化学シフト　55
可逆的相変態　110
核共鳴前方散乱法　56
核形成と成長　113
拡散型相変態　108
核磁気共鳴法　60
角セン石　73
価数不均化反応　81
カメラ定数　149
かんらん石　74

輝石　75
軌道　85
ギブズの自由エネルギー　100
逆格子　30
キューリー点　132
強磁性体　132
共有結合　87
均一核形成　113
金属結合　87

空間群　11
空孔　43
クラペイロン-クラウジウスの式　103
クリストバライト　109
グロシュラー　78

蛍光X線分析　4
ケイ酸塩ザクロ石　77
ケイ酸塩ペロブスカイト　79
KJMAの式　114
結晶格子　8
結晶構造因子　35
結晶場分裂　122

格子定数　8

さ 行

鉱物　1
固溶体　1, 103
コランダム　64

再編成型相変態　108
ザクロ石　73
差の合成　40

磁化率　131
四極子分裂　56
シクロケイ酸塩　73
磁性　132
斜方輝石　73
蛇紋石　73
準安定相　113
晶系　9
常磁性体　132
晶帯　10
状態方程式　132
消滅則　35
ショットキー欠陥　43

水素結合　87
　――の対称化　90
スティショバイト　79
スピネル　66
スピン転移　110
スペサルティン　78

整合核形成　118
静電原子価則　94
石英　109
赤外分光　50
積層欠陥　46
絶縁体　131
接合面　47

175

索　引

セン亜鉛鉱　70
遷移元素　87
線欠陥　43
線膨張係数　124

双晶　46
双晶面　46
相図　102
相転移　108
相変態　108
ゾーニング　1
ソルバス　104
ソロケイ酸塩　73

た　行

第一原理計算　95
対称性　9, 11
対称操作　11
対称要素　12
体積膨張係数　124
ダイヤモンドアンビル装置　140
多重回折　36
単位格子　8
単位格子ベクトル　8
単斜輝石　73
弾性定数　129

直接法　40
直方（斜方）輝石　73

DLS法　95
ディオプサイド　75
テクトケイ酸塩　73
転位　43
電気陰性度　89
電気伝導度　131
点群　11
点欠陥　43
電子エネルギー損失スペクトル法　5
電子スピン共鳴法　60

透過電子顕微鏡　41

透過電子顕微鏡法　26
導体　131
特性 X 線　4
トリディマイト　109
トレランスファクター　69

な　行

内部エネルギー　97

2 次の相変態　108
二重回折　36

ネソケイ酸塩　73
熱伝導率　125
ネール点　132

は　行

パイロープ　78
バーガースベクトル　44
バーチ–マーナガンの状態方程式　132
反位相境界　46
反磁性体　132
斑銅鉱　70
半導体　131

ピジョナイト　109
ピストンシリンダー装置　140
歪　125
非整合核形成　118
ピロータイト　70

ファンデルワールス結合　87
フィロケイ酸塩　73
フェリ磁性体　132
フェロペリクレス　117
フォルステライト　74
不可逆的相変態　110
不均一核形成　113
部分転位　44

浮遊帯法　138
フラックス法　137
ブラッグの式　28
ブラベ格子　18
ブリッジマナイト　81
フリーデル則　38
フレンケル欠陥　43
プロトエンスタタイト　75
分光分析　3
分子動力学　95
分析電子顕微鏡　5

平衡状態図　102
ヘマタイト　64
ペリクレス　63
ヘルマン–モーガンの記号　13
ヘルムホルツの自由エネルギー　100
ペロブスカイト　67
変位型相変態　108
変形スピネル　117

放射光　142
放射光メスバウアー吸収分光法　56
ポスト–ケイ酸塩ペロブスカイト　79, 81
ポーリングの規則　94

ま　行

マグネシオウスタイト　117
マルチアンビル装置　140
マルテンサイト型相変態　108

ミラーの指数　10

無拡散型相変態　108

明視野像　44
メージャライト　78

176

索　引

メスバウアー分光（法）
　　5, 53
面欠陥　46
面指数　10

や　行

有効イオン半径　91
融剤法　137
誘電率　131

ら　行

ラウエ群　38
ラウエの式　30
ラグランジュ記述　127
らせん軸　20
ラマン散乱　53
ラマン分光　52

立方最密充填　61
離溶　104

臨界エネルギー　113
臨界核　113
リングウッダイト　117

レイリー散乱　53

六方最密充填　61

わ　行

ワズレーアイト　117

欧文索引

A

ab initio calculation　95
alkalipyroxene　75
almandine　78
amphibole　73
analytical electron
　microscope　5
andradite　78
anti-phase boundary　46
anvil　140
APB　46
Avrami equation　114

B

Birch–Marnaghan's
　equation of state　132
bornite　70
Bragg equation　28
Bravais lattice　18
bridgmanite　81
bright-field image　44
Burgers vector　44

C

camera constant　149
chalcopyrite　70
characteristic X-ray　4
chemical shift　55
Clapeyron-Clausius
　equation　103
clinopyroxene　73
coherent nucleation　118
composition plane　47
conductor　131
corundum　64

covalent bond　87
cristobalite　109
critical energy　113
critical nucleus　113
crystal lattice　8
crystal structure factor
　35
crystal system　9
crystal-field splitting
　122
cubic closest packing　61
Curie point　132
cyclosilicate　73

D

dark-field image　44
diamagnetic material
　132
diamond-anvil apparatus
　140
difference synthesis　40
diffraction　27
diffusional
　transformation　108
diffusionless
　transformation　108
diopside　75
direct method　40
dislocation　43
displacive transformation
　108
distance least-squares
　method　95
double diffraction　36

E

effective ionic radius　91
elastic constant　129
electric conductivity
　131
electron energy loss
　spectroscopy　5
electron prove
　micro-analysis　4
electron spin resonance
　method　60
electronegativity　89
electrostatic valence rule
　94
enstatite　75
enthalpy　100
entropy　98
EPMA　4
equation of state　132
equilibrium diagram
　102
ESR　60
Euler description　127
Ewald sphere　33
exsolution　104
extinction rule　35

F

ferrimagnetic material
　132
ferromagnetic material
　132
ferropericlase　117
first-order
　transformation　108
first-principles

178

欧文索引

calculation 95
floating zone method 138
fluorescent X-ray analysis 4
flux method 137
forsterite 74
Frenkel defect 43
Friedel's law 38

G

garnet 73
Gibbs free energy 100
glide plane 20
grossular 78

H

Helmholtz free energy 100
hematite 64
heterogeneous nucleation 113
hexagonal closest packing 61
homogeneous nucleation 113
hydrogen bond 87

I

ilmenite 64
incoherent nucleation 118
infrared spectroscopy 50
inosilicate 73
insulator 131
internal energy 97
ionic bond 87
ionic radius 91
irreversible transformation 110

K

KIMA equation 114

L

Lagrange description 127
lattice constant 8
Laue equation 30
Laue group 38
line defect 43
linear expansion coefficient 124

M

magnesiowüstite 117
magnetic susceptibility 131
magnetism 132
majorite 78
martensitic transformation 108
metallic bond 87
metastable phase 113
Miller indices 10
mineral 1
modified spinel 117
molecular dynamics 95
Mössbauer spectroscopy 5, 53
multi-anvil apparatus 140
multiple diffraction 36

N

Néel point 132
nesosilicate 73
NMR 60
nuclear forward scattering method 56
nuclear magnetic resonance method 60

nucleation and growth 113

O

olivine 74
orbital 85
orthopyroxene 73

P

paramagnetic material 132
partial dislocation 44
Pauling's rule 94
periclase 63
permittivity 131
perovskite 67
phase diagram 102
phase transformation 108
phase transition 108
phyllosilicate 73
pigeonite 109
piston-cylinder apparatus 140
planar defect 46
plane indices 10
point defect 43
point group 11
post-silicate perovskite 79, 81
protoenstatite 75
pyrope 78
pyroxene 75
pyrrhotite 70

Q

QS 56
quadrupole splitting 56
quartz 109

179

欧文索引

R

Raman scattering 53
Raman spectroscopy 52
Rayleigh scattering 53
reciprocal lattice 30
reconstructive transformation 108
reversible transformation 110
ringwoodite 117

S

Schottky defect 43
screw axis 20
second-order transformation 108
semiconductor 131
serpentine 73
silicate garnet 77
silicate perovskite 79
solid solution 1, 103
solvus 104
sorosilicate 73
sp^3 hybridised orbital 89
space group 11
spectrum analysis 3
spessartine 78
sphalerite 70
spin transition 110
spinel 66
stacking fault 46
stishovite 79
strain 125
stress 125
symbol of Hermann-Mauguin 13
symmetrization of hydrogen bond 90
symmetry 9, 11
symmetry element 12
symmetry operation 11
synchrotron Mössbauer absorption spectroscopy 56
synchrotron radiation 142

T

tectosilicate 73
thermal conductivity 125
tolerance factor 69
transition element 87
transmission electron microscope 41
transmission electron microscopy 26
tridymite 109
twin 46
twin plane 46

U

unit cell 8
unit cell vector 8

V

vacancy 43
valence disproportionation reaction 81
van der Waals bond 87
volume expansion coefficient 124

W

wadsleyite 117
weak beam 44
wüstite 63

X

X-ray analysis 3
X-ray emission spectroscopy 58
X-ray structure analysis 26

Z

zone 10
zoning 1

著者紹介

藤野　清志（ふじの　きよし）

略　歴　1974年東京大学大学院理学系研究科博士課程修了．1978年愛媛大学理学部助手，1980年助教授，1992年教授，1993年北海道大学理学部教授，2009年愛媛大学地球深部ダイナミクス研究センター特任教授などを経て，2016年より現在に至る．

現　在　北海道大学名誉教授，理学博士

専　攻　鉱物学

著　書　『地球惑星科学入門』（共著，2010年，北海道大学出版会），『地球の変動と生物進化』（共著，2008年，北海道大学出版会）など．

現代地球科学入門シリーズ 11
結晶学・鉱物学
Introduction to
Modern Earth Science Series
Vol.11
Crystallography and Mineralogy

2015年6月25日　初版1刷発行
2025年5月10日　初版4刷発行

検印廃止
NDC 459, 459.9, 458, 450
ISBN 978-4-320-04719-8

著　者　藤野清志 ⓒ 2015
発行者　南條光章
発行所　共立出版株式会社
〒112-0006
東京都文京区小日向4丁目6番地19号
電話 03-3947-2511（代表）
振替口座 00110-2-57035
URL www.kyoritsu-pub.co.jp

印　刷
製　本　藤原印刷

NSPA 一般社団法人
自然科学書協会
会員

Printed in Japan

■地学・地球科学・宇宙科学関連書　http://www.kyoritsu-pub.co.jp/　共立出版

地質学用語集 —和英・英和—	日本地質学会編
応用地学ノート	武田裕幸他責任編集
地球・生命 —その起源と進化—	大谷栄治他著
地球・環境・資源	内田悦生他著
大絶滅	大野照文監訳
人類紀自然学	人類紀自然学編集委員会編著
氷河時代と人類 (双書 地球の歴史 7)	酒井潤一他著
よみがえる分子化石 (地学OP 5)	秋山雅彦著
天気のしくみ —雲のでき方からオーロラの正体まで—	森田正光他著
竜巻のふしぎ —地上最強の気象現象を探る—	森田正光他著
桜島 —噴火と災害の歴史—	石川秀雄著
大気放射学	藤枝 鋼他共訳
海洋底科学の基礎	日本地質学会「海洋底科学の基礎」編集委員会編
プレートテクトニクス	新妻信明著
プレートダイナミクス入門	新妻信明著
サージテクトニクス	西村敬一他訳
躍動する地球 —その大陸と海洋底— 第2版	石井健一他著
地球の構成と活動 (物理科学のコンセプト 7)	黒星瑩一訳
地震学 第3版	宇津徳治著
水文学	杉田倫明訳
水文科学	杉田倫明他編著
陸水環境化学	藤永 薫編集
地下水流動 —モンスーンアジアの資源と循環—	谷口真人編著
環境地下水学	藤縄克之著
地下水汚染論 —その基礎と応用—	地下水問題研究会編
汚染される地下水 (地学OP 2)	藤縄克之著
復刊 河川地形	髙山茂美著
大学教育 地学教科書 第2版	小島丈兒他共著
国際層序ガイド	日本地質学会訳編
地質基準	日本地質学会地質基準委員会編著
日本の地質 増補版	日本の地質増補版編集委員会編
東北日本弧 —日本海の拡大とマグマの生成—	周藤賢治著
地盤環境工学	嘉門雅史他著
岩石・鉱物のための熱力学	内田悦生著
岩石熱力学 —成因解析の基礎—	川嵜智佑著
同位体岩石学	加々美寛雄他著
岩石学概論(上) 記載岩石学	周藤賢治著
岩石学概論(下) 解析岩石学	周藤賢治著
地殻・マントル構成物質	周藤賢治他著
岩石学 I (共立全書 189)	都城秋穂他共著
岩石学 II (共立全書 205)	都城秋穂他共著
岩石学 III —岩石の成因— (共立全書 214)	都城秋穂他共著
水素同位体比から見た水と岩石・鉱物	黒田吉益著
偏光顕微鏡と岩石鉱物 第2版	黒田吉益他共著
黒鉱 (地学OP 4)	石川洋平著
宇宙生命科学入門 —生命の大冒険—	石岡憲昭著
轟きは夢をのせて	的川泰宣著
人類の星の時間を見つめて	的川泰宣著
いのちの絆を宇宙に求めて	的川泰宣著
この国とこの星と私たち	的川泰宣著
的川博士が語る宇宙で育む平和な未来	的川泰宣著
狂騒する宇宙	井川俊彦訳
めぐる地球 ひろがる宇宙	林 憲二他著
人は宇宙をどのように考えてきたか	竹内 努他共訳
多波長銀河物理学	竹内 努訳
宇宙物理学 (KEK物理学S 3)	小玉英雄他著
宇宙物理学	桜井邦朋著
復刊 宇宙電波天文学	赤羽賢司他共著